DE ELEMENTEN

BBLITERAIR

Harry Mulisch

DE ELEMENTEN

1989

UITGEVERIJ DE BEZIGE BIJ

AMSTERDAM

Copyright © 1988 Harry Mulisch Amsterdam
Eerste druk, gebonden uitgave, oktober 1988
1ste tot en met 5de duizendtal
Tweede druk, paperback, oktober 1988
6de tot en met 30ste duizendtal
Derde druk, paperback, november 1988
31ste tot en met 40ste duizendtal
Vierde druk, paperback, februari 1989
41ste tot en met 45ste duizendtal
Omslag Carlo Maria Mariani, *Poseidon*, 1984
Edward Totah Gallery, London
Omslagontwerp Leendert Stofbergen
Druk Thieme Nijmegen
ISBN 90 234 6105 3 gebonden CIP
ISBN 90 234 3086 7 paperback CIP
NUGI 300

Aarde ziet men met aarde toch slechts en water met water,
Met lucht toch de stralende lucht en met vuur het verwoestende vuur;
Liefde uitsluitend met liefde en haat met de bittere haat.

EMPEDOCLES

AARDE

Neem het volgende.

Stel, je hebt het hele jaar hard gewerkt en nu ben je met vakantie op Kreta. De kans dat het werkelijk zo is, is klein, bijna even klein als de kans dat je een kretenzer bent. Waarschijnlijk zit je gewoon thuis, ergens in het noorden onder de leeslamp, maar laten wij eens aannemen dat je nu de zomer op Kreta doorbrengt en een man bent. Geen vrouw dus – ook zoiets. Wij zouden natuurlijk kunnen afspreken dat je een vrouw bent, ongeacht of je het bent of niet, daar is niets tegen, een vrouw op Lesbos bij voorbeeld, maar dat is niet wat wij doen; het feit, dat ik zelf voornamelijk geen vrouw ben, heeft daar iets mee te maken. De wereld ligt nu eenmaal in tweeën uit elkaar, – dat is trouwens ook haar aantrekkelijkheid. Nee, je bent een nederlandse man op Kreta en het is een zomer aan het eind van de twintigste eeuw. Dat is nu dus vastgelegd.

Wat is je beroep? Laten we zeggen ambtenaar, jurist op een of ander departement, Rijkswaterstaat bij voorbeeld. Lijkt je dat wat? Ambtenaren zijn eeuwig: een ambtenaar van nu verschilt in niets van een ambtenaar in Knossós, vierduizend jaar geleden. Of stuit het je tegen de borst, zo'n verstofte droogbloem te zijn in het boeket van de macht? Misschien ben je het wel. Goed, we nemen iets anders, keus genoeg – zelfs onder ambtenaren. Brandweerman? Lach, o lach niet. Brandweerlieden zijn, met vuilnismannen, de heiligen van de staat. (Zelfs stratenmakers plaveien nog het proscenium van de dood, voor mensen, katten, egels.) Maar het is duidelijk wat je bedoelt. Ook ik gun je, net als jij jezelf, een iets vrijer en gerieflijker plaats in de samenleving. Geen boer of arbeider dus, ook geen winkelier of werkloze, maar iets luchtigers en vluchtigers: iets in de media misschien, de radio, de televisie. Wat zou je zeggen van de reclame? De *marketing*? Dat is al bijna niets meer, al bijna de volledige ontstegenheid aan alle zwaarte van het menselijk bestaan. Goed, op dat ijle houden wij het, anders komen we nooit tot een beslissing. Je behoort niet tot de paar rijkaards in die branche, wier leven alleen nog uit angst en luxe bestaat, maar het gaat je voor de wind. Je vader was deurwaarder, een goedaardige zonderling die ingenieur had willen worden en op zolder tot diep in de nacht zat te studeren en aan zijn uitvindingen te werken (misschien ook om je moeder in bed te ontlopen: zo moe! hoofdpijn!); hij wilde dat jij op jouw beurt ingenieur werd, maar je sjeesde op de middelbare school en ging naar Amsterdam. Na een paar jaar op een krant gewerkt te hebben, eerst als corrector, dan als verslaggever, ontpopte je je op een jong reclamebureau als een begaafd *copywriter*; je klom op tot *creative director*, en sinds het afscheid van de oprichters zit je in de leiding van die snel gegroeide onderneming, die over een paar van de begerenswaardigste *accounts* van het land beschikt. Je hebt een hoog salaris, met de bijbehorende melancholie, die niet weggenomen wordt door je vrolijke, drukke kantoor aan de rand van Amsterdam, vol knappe vrouwen en cynische, iets te modieus geklede mannen met snorren.

Opeens zie ik je voor me. Een snor draag je niet, maar misschien zou je die moeten laten staan. Er hangt iets ruws en woests rondom je mond, iets beestachtigs bijkans, wat op een vergissing moet berusten, want dat ben je allemaal niet. Mensen schrikken soms als ze je voor het eerst ontmoeten, – dat wordt vechten, zie je ze denken; zodra ze je wat beter kennen, moeten ze eerder lachen om je gezicht: dat is wanneer ze je ogen hebben ontdekt. Die lijken onafgebroken op het punt te staan om uit te puilen van verbazing, het is of je ieder moment alles voor mogelijk houdt. Ik denk trouwens dat je daar gelijk aan hebt. In elk geval lijkt het mij iets, dat je in bepaalde situaties een voorsprong geeft; terwijl anderen nog verrast moeten worden, heb jij het misschien al voorzien en je bent al weg. Niet altijd natuurlijk. Uiteindelijk heeft de wereld voor iedereen een verrassing in petto, waar hij ook in zijn stoutste fantasieën niet op verdacht was.

Over stoute fantasieën gesproken, ooit heb je schrijver willen worden. Dat onderscheidt je van een schrijver, want die heeft het nooit willen worden: die bleek het te zijn. Wie het wil worden is het kennelijk niet, al is hij nog zo'n inventief *verbalizer*. Je moet niet alleen kunnen vertellen, maar ook iets te vertellen hebben, en dat heb je blijkbaar niet. Niets aan te doen. Troost je met het verschrikkelijker lot van degenen, die iets te vertellen hebben maar het niet kunnen. (Schrijven is eigenlijk onmogelijk: het is zoiets als van een fotograaf verlangen, met blitzlicht een foto van zijn eigen schaduw te nemen.) Je hebt je er bij neergelegd, dat je de wereld nooit versteld zult doen staan. Geeft niet, je bent die ambitie trouwens al bijna vergeten; je bent tegenwoordig van mening, dat het nederlandse volkskarakter zich niet leent voor grote literatuur, alleen voor depressieve biedermeierverhalen over het dagelijks leven van gefrustreerde personages, grijs als de hollandse lucht, de hollandse regen en het hollandse asfalt, – vooral samengesteld uit dialogen, want dat schiet lekker op, – geschreven door grijze novembermensen, zoals je dat noemt. Zelf ben je van juli, je leven staat in het teken van de zomer; vrijwel nooit heb je je verjaardag thuis onder de wolken gevierd.

Maar heel die hollandse wereld van kooplui en dienstverleners, schrijvers, boeren, arbeiders, deurwaarders, industriëlen, artsen, bankiers, politici en wat er verder nog allemaal is, – dat alles vastberaden omgeven en verdedigd door Harer Majesteits onoverwinnelijke krijgsmacht te land, ter zee en in de lucht, met haar ongeëvenaarde vuurkracht, – heel dat ingewikkelde kleine ding daarginds in het noorden heb je nu achtergelaten, en onlangs ben je hier op dit archaïsche eiland veertig geworden: de leeftijd waarop, naar men zegt, het leven begint.

Elke dag, als je 's morgens de luiken opengooit, staat daar weer die smetteloos blauwe stolp over dat groene dienblad met de wijngaarden, omvat door kale, rotsachtige heuvels, barstensvol licht. De palmenlaan van het naburige hotel naar de dependance aan het strand, de sinaasappelbomen, de cypressen, de eucalyptussen, en al die andere bomen waarvan je de namen niet kent en ook niet hoeft te kennen, want de namen maken geen deel uit van de bomen. (Misschien maken in Griekenland de bomen deel uit van de namen.) De wereld! Je gaat de tuin in en haalt diep adem. Wereld! Leven! Je hoort de goudvinken en leeuweriken, de krekels, de bijen, je ziet vlinders als vliegende bloemen tussen de oleanders en orchideeën, libellen die stilstaan als helikopters en dan lijnrecht verder vliegen, en achter de pijnbomen hangt het zachte ruisen waarmee de zee het strand streelt. Landinwaarts zinderen de bergen met hun olijfbomen en droge grassen al roerloos in de zon en zenden uit hun hitte een zoete geur van kruiden naar je uit, die je ook niet kunt thuisbrengen, maar het is tijm, en marjolein.

Wat wil je nog meer? De brede, witte bungalow, waar de passerende hotelgasten elkaar op wijzen, zou van jou kunnen zijn, maar dat is niet het geval. Je doet aan onderwatersport en je voelt er niets voor, elke vakantie naar dezelfde plaats te moeten – zo min als de eigenaar trouwens: een directeur van het amerikaanse bureau, dat een meerderheidsbelang in het jouwe bezit. Hij is van griekse afkomst en een paar maanden geleden liet hij je in New York foto's zien van zijn huis op Kreta; toen je je bewondering toonde, liet hij de sleutels achter je pochet in je borstzak glijden en sloeg op je schouder, zonder iets over huur te willen horen. Zelf ging hij dit jaar naar Aruba, om te gokken.

Het is augustus. Dag na dag is alles zoals het bedoeld is in die doorwerkte, samengevatte, afgeronde ruimte om je heen; de dagen lijken weken, de weken dagen, en je hebt het gevoel of het nooit anders is geweest en dat het ook altijd zo zal blijven: nooit meer vergaderingen, zakenreizen, de eerste whisky om elf uur 's ochtends, lunchen met opdrachtgevers, een fles Bordeaux de man, lopen door opgemetselde bakstenen gangen, doods als de zondagen van je jeugd, staren naar ontwerpen, foto's, en uit het raam naar de zwerver op zijn bank in het plantsoen aan de overkant, bedolven onder dekens en omgeven door plastic zakken met zijn bezittingen, naar zijn lange, sluike haar, zijn armbanden, zijn felrood gelakte nagels en zijn fijnzinnige glimlach, die hem de naam 'Erasmus' heeft opgeleverd: diens glimlach op het ronde schilderij van Holbein in Basel.

Erasmus! Die heeft nu werkelijk helemaal niets te maken met het experiment, dat wij beiden hier met ons drieën ondernemen.

Het wordt tijd om wat nauwkeuriger te worden. Wij spreken af, dat je niet alleen bent. Kijk eens wie daar uit het huis op het terras verschijnen: je vrouw en je twee kinderen. Een jongen en een meisje, negen en elf jaar oud – het ideale gezin! Wel? Wat zeg je er van? En wat zien jullie er allemaal goed uit. Knap, slank, sportief, je vrouw de gepaste zeven jaar jonger dan jij, want vrouwen zijn van nature al volwassener dan mannen. Zoals jij met je veertig jaar nog steeds weifelt tussen jongen en man, weifelt zij tussen meisje en vrouw, net zo als je dochter tussen kind en meisje balanceert. Van jullie vieren is misschien je kleine zoon de enige, die in evenwicht verkeert.

'Gaan we?'

Elke ochtend rijden jullie in de gehuurde jeep naar Ajíos Nikólaos om inkopen te doen. Terwijl je vrouw en je dochter in de drukke straten van het stadje verdwijnen, lees je op een terras bij de kerk een hollandse krant van drie dagen geleden, waarin het, zoals altijd, vrijwel uitsluitend over geld gaat. Als een nederlander aan zijn eigen terechtstelling kon verdienen, denk je, deed hij het. (Mooie zin. Iets voor een beleggingsmaatschappij?) Je zoon zit ansichtkaarten aan zijn vriendjes te schrijven, en wat later wandelen jullie terug naar de auto.

Nog minder dan jou ontgaan je vrouw de blikken, die op jullie geworpen worden. Jullie dragen de goede kleren, in de lijnen en kleuren van het seizoen (lila, hardrose, felgroen dit jaar), de goede tassen, de goede kapsels, – alles precies goed en daarom eigenlijk helemaal niet goed.

Niemand weet beter dan jij, dat mode twee keer belachelijk is: aan het begin en aan het eind; dat ook daar tussenin reserve betracht moet worden weet je net zo goed, maar je doet het niet, uit gebrek aan zelfbeheersing. Laten wij de moeder van je kinderen Regina noemen, want op die naam lijkt zij nog het meest. Op lange benen en met gecentimeterd, geblondeerd haar loopt zij op haar hoge hakken door de menigte, een tikje ordinair met haar halskettingen, oorbellen en ringen, maar dat is juist wat je altijd heeft aangetrokken in haar. Met het bekeken worden heeft zij geen moeite, dat was ooit haar beroep. De grieken lijkt zij nauwelijks te zien; en de halfnaakte barbaren, in vliegende containers uit germaanse contreien aangevoerd, zijn geen partij voor haar met hun verbrande ruggen, vervellingen, kwabben, putten, vlekken, bobbels, spataderen. Een probleem ontstaat pas, wanneer de rollen zich omdraaien en zij zelf moet kijken.

Zoals die keer toen in de haven weer zo'n zeiljacht afgemeerd lag, regelrecht afkomstig uit een andere wereld: smal als het lemmet van een mes, van glanzend, honingkleurig hout, al het messingbeslag blinkend, de drie masten hoger dan de huizen aan de kade, de smetteloos witte touwen opgehangen in ondoorgrondelijke lussen, waaruit duizenden jaren maritieme traditie spraken; op het achterdek een ronde tafel, waarop een koeler met een fles champagne en een veel te grote bos rode rozen. De engelse vlag. Een beetje ongemakkelijk stonden jullie tussen de grieken en de fotograferende buitenlanders, oog in oog met een verschil, dat in Nederland niemand meer zo openlijk durft te laten blijken. Uit de kajuit verscheen een vrouw aan dek, tien jaar ouder dan zij vermoedelijk zelf voor wenselijk hield. Zij wilde zich natuurlijk tonen, maar ofschoon zij alles op de kade vanzelfsprekend onmiddellijk had gezien, was het of zij niemand zag maar uitkeek naar iemand. Waar was hij? Waar bleef hij toch met de kaviaar? Maar toen hield zij haar blik over de hoofden heen niet vol, de verleiding was te groot, de kosten van de boot moesten psychisch terugverdiend worden, en haar onverschillige ogen troffen precies die van Regina. Catastrofe! Moord! Je had tegen haar willen zeggen, dat dat loeder nu fataal door de mand was gevallen, maar jullie spreken eigenlijk niet meer met elkaar. Jullie zeggen natuurlijk nog wel eens wat, zoals 'Gaan we', maar een gesprek komt zelden nog tot stand.

's Middags, aan het volle strand, links en rechts begrensd door gele, uit zee oprijzende rotsen vol holen en grotten, zitten jullie op het deel dat door het hotel wordt geëxploiteerd. Voorzien van de goede badhanddoeken en de goede tijdschriften, liggen jullie altijd op dezelfde stretchers, naast een grote, gebleekte wortel-stronk, ooit eens op het strand gegooid, mis-schien door een god: een radeloos verwrongen relict, dat zich leent om zwembroeken, hand-doeken, tassen en camera's aan te hangen. Op het lage tafeltje onder de parasol staat een koeler met een fles retsina, aan de vloedlijn liggen je surfplank en het zeil. Soms vraag je je af, hoe sportief je eigenlijk bent. Het gaat je er niet om, je lichaam in conditie te houden, want lichamen zijn in conditie of niet (wie iets doet om in con-ditie te blijven, verkeert in slechte conditie), maar om het ontspannende gescharrel met de apparatuur, waar altijd iets aan te knutselen valt, en om nu en dan alleen te zijn. Maar misschien wil je uitsluitend alleen zijn omdat je het bent, zodat je kunt zeggen dat je het wilt; er zijn ten slotte zelfs mensen, die zeggen dat zij sterven willen als zij doodgaan.

Ook tijdens het zonnebaden draagt Regina haar sieraden, waar zij uit haar ooghoeken soms even een blik op werpt, haar vinger- en teennagels in hetzelfde zwoele rood geverfd als haar lippen. In zee gaat zij zelden. Elk half uur richt zij zich op, opent de flacon zonnebrandolie en vet zich helemaal in, waarbij haar smalle handen over haar glimmende, geschoren benen glijden. Zij is te bruin. Haar kleur verraadt haar inspanning, en die mag nooit te zien zijn aan het resultaat (zodat je dus begrijpt, met welk souverein gemak ik deze regels hier op het papier werp). Op de binnenkant van haar dijen beginnen een paar aderen violet te schemeren, maar daar staat tegenover, dat jouw haar wel erg dun wordt de laatste tijd. Zij steekt een sigaret op en leunt weer achterover. Nu en dan kijk je even naar haar strakke mond. Zij heeft haar handpalmen naar boven gedraaid, zodat ook de binnenkant van haar onderarmen bruin wordt. Nergens is huid zo smetteloos als daar, en misschien is het háar huid waar je nog het meest aan verslingerd bent. Neem van een dermatoloog aan, dat mensenvel net zo veel variëteiten kent als andere weefsels: linnen, katoen, laken, zijde, fluweel, neteldoek, trijp, zelfs jute en vilt komen voor; je hebt het allemaal wel eens meegemaakt in bed. Dat van Regina is van cachemir, zo zacht dat je niet weet of je het al voelt of nog niet. Maar je hebt er eigenlijk niets meer aan.

'Die is goed,' zegt je zoon en kijkt op uit zijn boek.

'Wat is goed?'

'Er was hier eens een priester, en die zei: 'Alle kretenzers liegen'.'

'Wat is daarmee?'

'Nou, hij was toch zelf een kretenzer.'

'Ja, en?'

'Dus loog hij, dat alle kretenzers liegen: dus sprak hij de waarheid: dus liegen alle kretenzers.'

Je schiet in de lach en kijkt in zijn ernstige gezicht.

'Kom daar maar eens uit.'

'Daar kun je niet uitkomen.'

Terwijl hij verder leest, blijf je naar hem kijken. De satijnen huid van zijn ronde wangen. Hij heeft de leergierigheid van je vader, die jij zo onaangenaam mist; maar hij moet niet al te veelbelovend worden, vind je, want dat leidt tot niets: waar zijn al die knappe koppen, die je zelf hebt meegemaakt op school? Nooit meer iets van gehoord. Nee, als de zaken zo liggen dan is je dochter veel veelbelovender, want die interesseert zich voor niets van belang. Met de walkman om haar hoofd ligt zij in de schaduw van de parasol, onafgebroken ja-knikkend op het ritme van de muziek, waarvan ook jij het zachte knersen hoort, maar dat haar omvat als een daverend heelal, waarvan nu en dan een geneuried flard uit haar mond glipt.

'Verdomme, Regina,' zeg je, als zij met gesloten ogen de peuk van haar sigaret uit haar vingers laat vallen, 'leer dat toch eens af.' Met je voet schuif je er zand over, terwijl je haar het liefst een draai om haar oren zou geven.

'Ida,' zegt Regina, 'ga eens wat olijven halen bij de bar.'

Als Ida haar niet hoort, strekt Regina haar been uit (zodat je even het ravijn in haar kruis ziet) en stoot Ida's knie aan met een teen. Geërgerd kijkt Ida naar haar knie en dan naar Regina, terwijl zij een speakertje van haar oor licht.

'Wat is er?'

'Ga eens wat olijven halen.'

'Ik lust geen olijven.'

'Maar ik.'

'Echt wel dat ik het niet doe, kutwijf,' zegt Ida, zet het speakertje weer op haar oor en sluit haar ogen.

'Ida!' zeg je met stemverheffing, – maar zonder haar ogen te openen knikt zij alleen even, ten teken dat ook jij dood kunt vallen.

Jij had het niet moeten wagen, zo tegen je ouders te spreken. Je wijdt een gedachte aan het verval van de moderne jeugd – word je oud? Elke generatie heeft zo over de volgende gedacht; omdat het al bij griekse schrijvers is te vinden, kun je van iedereen horen, dat dat seniel gezichtsbedrog is. Maar als al die generaties nu eens gelijk hadden? Is het uitgesloten, dat de kwaliteit van het mensdom inderdaad voortdurend minder is geworden met de onophoudelijke aftocht van de goden?

26

In de namiddag, als er wat wind opsteekt, rijg je je kleurige zwemvest om je heupen, je trekt je surfschoenen aan en glijdt schuin weg van het kindergeschreeuw in de branding. Behendig laveer je tussen de verankerde plezierboten door, – en hangend aan de giek, tussen de diepte van het water en de hoogte van de lucht, word je één ding met de plank en het zeil. De kust wijkt, verbreedt zich, in de verte ligt Ajíos Nikólaos, de bergen in het binnenland worden blauwer, en als je nu eens niet zou omkeren? Verder ging in het middelpunt van een schijf blauw water en een halve bol staalblauwe lucht, waar de zon doorheen smelt als een snijbrander – uiteindelijk zoekraakte in inkt en sterrenhemel?

's Avonds, nadat je de tuin hebt gesproeid, een glas slappe whisky in je vrije hand, eten jullie meestal thuis op het terras; of, op verzoek van Regina, in het hotel met zijn drie restaurants, zwembaden, sauna's, winkels en disco's. Maar op je verjaardag zocht je in een gids een afgelegen taverna op, waar weinig toeristen zouden zijn. Daar wachtte je een geschenk.

In een schoon overhemd en een lange broek reed je met je gezin de heuvels in, over smalle wegen met keien, langs vervallen kapellen met de heilige maagd, stofwolken producerend en uitwijkend voor boeren, die schrijlings op trippelende ezels zaten en mekkerende geiten achter zich aan trokken – tot plotseling, aan de rand van een dorp, een eethuis verscheen met ruwhouten tafels en rechte stoelen en een uitzicht over zee van zo'n bovennatuurlijke schoonheid, dat je vergat uit de jeep te stappen.

Ik zal het je uitleggen. Dat bovennatuurlijke

werd geboren doordat de zee, nooit stil, van deze hoogte en afstand roerloos en geluidloos was geworden, – een zwijgend, onbeweeglijk ding, dat verzonken leek in hetzelfde diepe verleden, waarin het hele eiland is gedrenkt. Het verleden, ook het jouwe, is immers stil en bewegingloos, als metaal. Het is het lood, dat je kent uit Duitsland. Lang geleden heb je daar eens bij een keulse vriendin oud-en-nieuw gevierd; in een zwarte, ijzeren pan werd een stuk loden pijp gesmolten, en ook jij moest met een lepel voorzichtig wat van de somber dampende vloeistof met het grauwe vlies opscheppen en in een schaal water gieten: met kort gesis veranderde het in een hard, blinkend stolsel, waarin je vriendin een danseres herkende, maar jij een inktvis. En de toekomst? Die is eerder dat hete fluïdum op het vuur: onafgebroken sta jij daar in je moment tussenin, op de grens van lood en lood.

Je keek om je heen en ontmoette de glimlach van een paar oude mannen in het zwart, die aan hun ouzo nipten; hun gezichten leken gemaakt van proppen papier, uit de prullemand opgediept en gladgestreken. Je zoon zat alweer te

lezen in zijn dikke boek over de griekse mythologie, de andere twee waren blijkbaar naar de
keuken om het eten te keuren. Je tuurde nog
even naar wat je zag en tegelijk niet zag, en
waarmee je alleen was; daarna ging je naar het
tafeltje en bestelde een karaf *kókkino* en twee
coca-cola.

Je verheven stemming week niet. Het was
een lang vergeten gevoel van de oneindige en
ondoorgrondelijke mogelijkheden, die in de
wereld verborgen lagen als goudaderen. Als
kind heb je daarin geleefd, zoals je eigen kinderen er nu in leven: in een wereld, waarin een
tweede, eeuwige wereld verborgen zit, – maar
niet als twee werelden, als één vanzelfsprekende
wereld, tegelijk tijdelijk en eeuwig, die zich pas
splitst als de eeuwige vervaagt en in de vergetelheid verdwijnt. Maar vernietigd is zij dan niet,
soms toont zij zich weer even, zoals nu in dit
panorama, of in een kunstwerk, of in de liefde
voor iemand.

'Is er wat, pap?' vroeg Ida.

Wat was er aan je te zien? Waarom vroeg zij
dat? Iedereen zat nu aan tafel, maar je kon er met
niemand over spreken. Als je het al onder woor-

den had kunnen brengen, was dat verre in je kinderen te dichtbij, ze zouden je niet begrepen hebben, zoals wanneer je tegen ze zou zeggen dat ze ademhalen, of dat hun hart klopt. Je keek Ida aan en voelde je plechtig opgetild en verschoven in iets anders.

'Niets,' zei je.

'Je voelt je toch wel goed?' informeerde Regina nu.

'Ik heb me zelden beter gevoeld.'

'Mooi zo.'

En even later was je weer de enige, die het zag. Terwijl je een stuk zwart brood in de olijfolie wilde dopen, stokte je beweging. Als een ovale druppel raakte de zon de zee, terwijl zich tegelijkertijd aan haar bovenkant een brede tuit vormde, als bij een goudviskom. Even later richtte zij onder de horizon een verschrikkelijke vuurzee aan, waarvan de gloed zich over de halve hemel verspreidde: daarin verscheen kort daarop een heldere ster, scherp als de prik van een speld.

'Kijk, de avondster,' zei je.

Je zoon sloeg er een korte blik op.

'Dat is Mercurius.' Hij wees op een andere,

stralender ster, iets hoger aan de nu snel paars wordende lucht. 'Daar heb je de avondster. Venus. Is trouwens helemaal geen ster, maar een planeet.'

Kalamarákia. De kinderen willen natuurlijk weer *psitó kotópoulo. Ksifías. Kokorétsi.* De avond wiste het panorama uit; gedurende drie kwartier zaten jullie eenvoudig op een verlicht terras te eten, in een ineengeschrompelde wereld, omgeven door de harde, witte klanken van het grieks, je dochter gooide het zout om, je zoon brak een glas, – totdat, als dieprood gloeiend ijzer in een donkere smidse, een reusachtige maan boven de bergkam verrees. Snel afkoelend, bij de koffie, deed zij de zee herboren worden als kwikzilver.

'Jupiter,' zei je zoon en wees achteloos naar een helder stralende verschijning in het kielzog van de maan.

'Hoe weet je dat?' vroeg Regina.

'Niks aan. Sterren flikkeren, maar planeten niet. Mercurius en Venus staan dichter bij de zon, Mars is veel zwakker en roodachtig, en de andere kun je niet zien met het blote oog. Dus moet het Jupiter zijn.'

Ook nu hebben Regina en jij nauwelijks met elkaar gesproken, alleen met de kinderen, alsof die de plaats hebben ingenomen van datgene, wat toch ooit tussen jullie bestaan moet hebben. Eens moet het toch anders zijn geweest, toen die hoogblonde, blauwogige Ida en die hoogblonde, blauwogige Dick (je behoort tot die families, waarin de mannen in eeuwige wederkeer van jr. en sr. hun zonen naar zichzelf en hun vaders noemen) er nog niet waren: zij hebben zich verwerkelijkt ten koste van jullie, zij belichamen jullie liefde en daarmee hebben zij haar van jullie ontvreemd en jullie berooid achtergelaten, die zakkenrollers.

Bezoek Kreta! Nergens vindt u zo'n unieke combinatie van overweldigend landschapsschoon, imposante resten van oeroude cultuur en behaaglijke rust!

Knossós! Meteen op het parkeerterrein is het zo druk en heet als bij de ingang van de hel. Regina en Ida willen onmiddellijk weg, en jij eigenlijk ook, maar met Dick valt daarover niet te praten. Tussen tientallen chaotisch geparkeerde autobussen, waarvan de motoren blijven draaien voor de airconditioning, trekken in alle richtingen lange rijen toeristen door de uitlaatgassen achter hun gidsen aan, die een bord omhoog houden, of een parasol, of een sjaal; dikke, besnorde chauffeurs, die hun gevaartes los willen wringen uit de knoop, hangen uit de ramen en brullen naar elkaar over de hoofden van angstig omhoog kijkende en uitwijkende mensen, die tussen het sidderende ijzer hun weg proberen te vinden, terwijl onafgebroken nieuwe bussen naderen tussen de mimosa en de bougainville, claxonerend met een geluid dat tot Egypte draagt. Maar als jullie langs de volle terrassen, de souvenirwinkels en de straatventers naar de toegang van de opgravingen lopen, hoor je in de kroon van een afzijdige ceder het gezang van myriaden vogels, als de zielen van hen die hier al duizenden jaren geleden woonden in het paleiscomplex, – dat van koning Minos, zoals je van Dick leert. Met je arm om zijn schouders loopt hij flegmatisch naast je, zonder van zijn boek op te kijken, alsof zich daarin de waarheid bevindt en niet om hem heen.

In het gedrang bij het loket, de drachmen al in je hand, ga je op je tenen staan en kijkt rond, maar Regina en Ida zijn nergens meer te bekennen. Goed, dan niet. In de hoek van een groot voorplein is de ingang, en gedurende een uur dwaal je met je zoon door de stampvolle doolhof van honderden kamers, zalen, trappen, gangen, hallen, magazijnen, crypten, dan weer in schemerende ruimten, dan weer buiten tussen de ruïnes, plotseling door de zon besprongen als door een stier. Ook verder overal bestiering.

Balustraden en kroonlijsten van gestileerde stierenhorens; een manshoge stierenhoren, – 'rekonstruiertes Kulthorn', hoor je een duitse gidse zeggen, – waarvoor een japanner een groep fotograferende japanners fotografeert; achter drie roodgeverfde houten zuilen, op een bijgewerkt fresco, bestormt een stier een olijfboom; ergens anders springt een acrobaat met een salto mortale op de rug van een stier. In de muren gekraste dubbele bijlen. Overal zuilen die naar boven toe breder worden, in plaats van andersom, zodat het is of alles op zijn kop staat, de hemel de aarde schraagt, het hogere zwaarder is dan het lagere. Wat was dat voor volk, dat zo bouwde? In die omgekeerde wereld, gevuld met mensen die op de zoldering lijken te lopen, luister je naar Dick – die na jou komt in de tijd, maar uit wiens mond je nu berichten krijgt uit de oertijd.

Eigenlijk is het een schande, dat jij niet al lang weet wat hij nu al weet op zijn negende. Natuurlijk, jouw vader nam je niet mee naar Kreta, zo ging dat nog niet in die tijd, verder dan de Ardennen kwam je niet; maar ook als hij je meegenomen had, zou niet jij hem maar hij jou verteld hebben, wat je nu van je zoon hoort.

Schaam je je niet? Je bent een geciviliseerd mens, je neemt elke ochtend een douche en als je naar de wc bent geweest was je je handen, je doet elke dag een schoon overhemd, schoon ondergoed en schone sokken aan, nooit draag je twee dagen achter elkaar hetzelfde pak of dezelfde schoenen. Maar studeren – dat niet. Eerlijk gezegd beneemt het mij een beetje de lust, je op de hoogte te stellen van wat Dick je allemaal voorleest over Poseidon en Minos en Pasiphaë en Daedalus en het labyrinth, dat hier op deze plek gelegen zou hebben.

Je wordt dus afgeleid door al die zwijgende groepen, die overal geschaard staan rond een stem in hun midden, die in een of andere taal vertelt dat het oude paleis, veertig eeuwen geleden gebouwd, zevenendertig eeuwen geleden verwoest werd door een aardbeving, en het nieuwe, waarvan wij hier nu de resten zien, tweehonderdvijftig jaar later door een vulkaanuitbarsting, een brand en een vloedgolf, – en dat Echnaton toen nog steeds niet zijn Hymne aan de Zon had geschreven, noch Mozes zijn Tien Geboden: toen dat gebeurde, in een verre toekomst, was Knossós al hoog en breed door de aarde verzwolgen en veranderd in een groene heuvel, waaruit het pas ruim drieduizend jaar later door Sir Arthur Evans op eigen kosten werd bevrijd.

Ook hier luisteren de meesten niet, maar zetten zwetend een fles mineraalwater aan hun mond, wachten, en zonder op of om te kijken sjokken zij verder als de gids zijn parasol opheft. Toch zijn zij hier – waarom liggen zij niet aan het strand? Dorst de mensheid misschien niet alleen naar water maar ook naar het verleden, omdat het gezicht op de toekomst beslagen is? Maar jij hebt het gehoord, en het heeft je geschokt. Dat een beschaving vernietigd wordt door een andere, of door inwendig verval, dat is nu eenmaal de geschiedenis. Maar door een stompzinnig toeval? Omdat diep in de aarde twee schollen over elkaar schuiven, of omdat het vuur zich plotseling naar buiten baant? Omdat iets toevallig op een plek is waar ook iets anders gebeurt?

'Denk je dat het echt waar is, pap?'

'Wat?'

'Dat met Daedalus?'

Wat een ernstige vraag. Maar je kunt natuurlijk moeilijk bekennen, dat je niet naar hem geluisterd hebt, zodat je nu dubbel zorgvuldig moet zijn met je antwoord. Misschien behelst de griekse mythologie de herinnering aan de minoïsche geschiedenis: vervormd, sprookjesachtig veranderd, zoals dit paleis in het labyrinth, op dezelfde manier als de vroegste kindertijd terugkeert in wonderlijke dromen – maar alles echt gebeurd op een of andere manier.

Ik zal het je influisteren:

'Misschien moet je het zo zien, dat het nog steeds gebeurt.'

'Dat snap ik niet.'

'Ik ook niet helemaal, eerlijk gezegd.'

Of misschien is het nog echter. Misschien is het nieuwe paleis, deze doolhof hier, gebouwd volgens de plattegrond van het oude, dat geen paleis was maar inderdaad het daedalische labyrinth, – of misschien ging dat labyrinth ook daar nog aan vooraf, ten tijde van Cheops en Gilgamesch. Zou je op deze gedachte kunnen komen? Misschien wel. Veel weten doe je niet, maar je hebt ideeën en invallen, je hebt ten slotte ook die omgekeerde zuilen opgemerkt. Kijk eens rond met de ogen van deze theorie. Nergens een pontificale ingang, zoals die een priesterkoning betaamt; nergens de universele symmetrieën van de absolute macht, alles onregelmatig, nauw, asymmetrisch; de alabasten troon, geflankeerd door een fresco van twee gestileerde griffioenen, staat in een vertrek dat kleiner is dan je eigen werkkamer in Amsterdam. De trap naar de grote binnenhof, waar je ten slotte uitkomt met Dick, wordt door een absurde zuil in tweeen gedeeld, zodat de koning dus nooit over het midden van de treden kon schrijden. In de dagen van het labyrinth stond daar misschien een deurpost, bestemd voor twee bronzen hekken met een middenspijl, waardoor Theseus naar binnen is gegaan om de Minotaurus te doden.

Uitrustend in de schaduw van een restant muur laat je je ogen over het volle plein dwalen en vertelt Dick over je archaeologische vermoeden; maar omdat het niet geschreven staat, maakt het weinig indruk op hem. Als je zwijgt, vraagt hij:

'Waar zouden mama en Ida zijn?'

'Die zitten ergens bij de auto met een fles water onder een boom op hun horloge te kijken.'

Je moet even lachen om deze volzin. Tussen de passerende colonnes uit alle werelddelen laat een arabische hoogwaardigheidsbekleder zich alles aanwijzen door een privé-gids, maar als de vinger wordt uitgestoken knikt hij alleen, zonder te kijken. Een witharig echtpaar op bergschoenen, stijf gearmd en ook hun vingers verstrengeld, steekt met besliste tred het plein over.

'Jullie gaan toch niet scheiden, hè?'

Opgeschrikt kijk je naar Dick. Het boek ligt dichtgeslagen op zijn schoot en met zijn duim strijkt hij kleine vouwtjes in de rand van het stofomslag glad. Hij beantwoordt je blik niet.

'Hoe kom je daarbij?'

'Weet niet.'

Mensheid, geschiedenis... maar het is of je nu opeens oog in oog met de werkelijke werkelijkheid staat: dat kleine universum van jullie vieren. In dezelfde mate, waarin de wereld belangrijker is dan jullie, zijn jullie belangrijker dan de wereld.

'Spreken jullie daarover, Ida en jij?'

Hij haalt zijn schouders op en zwijgt. Van je stuk gebracht sla je je arm om hem heen.

'Nee, Dick, dat gaan we niet. Wij blijven altijd bij elkaar.'

Ja? Ontredderd kijk je over de ruïnes en weet niet meer wat je moet zeggen. Het is of het tafereel terugwijkt, verkruimelt, alsof ook alle geluiden zachter worden en verdwijnen, zodat alleen jullie beiden daar nog zitten in de schaduw van de stenen, duizenden jaren geleden opgestapeld door warme, levende handen. Langzaam draaiend daalt een blauwgrijze veer uit de lucht en gaat voor jullie voeten liggen, maar de vogel moet al lang voorbij zijn. De hemel is leeg.

Je wilt er meer van weten. In de laatste week van je vakantie rijd je met Ida naar het Diktigeberg- te, – op smalle wegen ingeklemd tussen auto- bussen, langs krampachtig verwrongen olijfbo- men, schuin uit de aarde opgestoten formaties, woeste kloven met schaduw volgestort, en dan plotseling over een weidse, groene hoogvlakte met duizenden spichtige, langzaam draaiende windmolens: een overmacht, waarvoor zelfs Don Quijote op de vlucht zou slaan.

Onderweg, de warme wind in jullie haren, probeer je een gesprek met haar te beginnen.

'Hoe vind je het, dat je volgende week naar het Athenaeum gaat?'

'Leuk.'

Je voelt dat zij zich schrap zet, dat zij denkt: Daar heb je het, daar komt de preek, daarom moest ik mee.

'Je zult iets geks merken. Je zat het afgelopen jaar eindelijk in de hoogste klas, maar nu kom je weer in de laagste terecht. Als je straks eind-examen hebt gedaan en je wilt gaan studeren, moet je eerst weer ontgroend worden, – en zo gaat het altijd door. In het leven zit je altijd weer in de eerste klas. Stel, je wilt schrijfster worden, dan –'

'Gadver, ik wil helemaal geen schrijfster wor-den.'

'O.K., stel, Dick wil schrijver worden, hoe zal dat dan gaan? Misschien wordt hij de beste levende schrijver van Nederland, dat is al heel wat, maar dan zit hij tegelijk weer in de eerste klas, met dode schrijvers als Multatuli en Cou-perus in de hoogste. Als hij ook in die klas komt, hoort hij nog steeds niet bij de beste le-vende schrijvers ter wereld. Stel, hij haalt ook die klas, dan zit hij voor de zoveelste keer in de eerste ten opzichte van grote schrijvers als Kafka en Dostojevsky.'

'Maar dan had hij het gehaald.'

'Dat dacht je maar. Dat is weer de eerste klas ten opzichte van reuzen als Shakespeare en Dante en Cervantes en Sophocles. Dat is de echte eindexamenklas. Die haal je nooit.'

'O nee? Waarom zij dan wel? Wat zij kunnen, kan Dick ook als hij groot is.'

Ik wacht je vertederde lach niet eens af, het is al te pijnlijk wat je allemaal zegt daar op de hoogvlakte van Lasíthi; gelukkig beseft je dochter dat niet. In elk geval is nu volledig duidelijk, waarom je geen schrijver bent: alsof Dante, die je trouwens helemaal niet gelezen hebt, de grootste schrijver aller tijden wilde worden! Hij wilde Beatrice vereeuwigen, en pas door dat te doen vereeuwigde hij tegen zijn bedoeling in niet haar maar zichzelf. Slagen doe je door te mislukken, – denk daar maar eens over na.

Nog hoger, in Psichró, parkeer je de jeep; ook dat dorp is weer veranderd in een internationale ontmoetingsplaats. Het laatste stuk is een steil, kronkelend bergpad vol kuilen en stenen, maar gedrenkt in de zoete geuren van jasmijn en kamperfoelie. Je plukt een rode bloem, die je in een knoopsgat van je witte hemd steekt. Ida zit op een ezel, gedreven door een jongen van haar eigen leeftijd, die lachend naar haar opkijkt en in gebroken engels een gesprek met haar probeert te voeren. Zelf uit zij amerikaanse klanken, die zij heeft opgevangen van de televisie. Je blijft even staan en neemt een foto, waarna je moeiteloos verder klimt in de brandende zon. Als je haar blik ontmoet, wijs je naar boven. Hoog in de lucht beschrijven drie zwarte gieren met roerloos uitgestrekte vleugels langzame cirkels en lussen, drijvend op een onzichtbaar oppervlak. Zij kijkt en knikt je lachend toe; je ziet dat het haar onverschillig laat, zij lacht alleen om jou een plezier te doen. Als een poort naar de nacht verschijnt even later de ingang van de grot, waar Minos' vader is geboren: Zeus zelf.

Natuurlijk had Ida geen zin om mee te gaan, maar omdat je met haar wilde praten heb je haar gedwongen – met achterlating van haar walkman. De mogelijkheid om met haar alleen te zijn, deed zich voor doordat Dick die ochtend struikelde, lezend natuurlijk, en met zijn voorhoofd tegen een tree van het terras sloeg. In het hotel werd hij door een dokter behandeld en hij voelde zich beroerd; maar achter zijn voorhoofd waren de goden en heroën toch niet zodanig door elkaar geschud, dat hij geen inlichtingen meer kon verstrekken. Er waren twee Zeusgrotten op Kreta: één in de berg Dikti, zijn geboorteplaats, en één in de berg Ida, waar hij opgroeide.

Met de grote pleister op zijn voorhoofd keek Dick je aan.

'Dikti, Ida... Is dat nou toeval, pap?'

'Wat zou het anders moeten zijn. Als dat nog geen toeval is...'

Misschien is het vooral je onschuld, die mij voor je inneemt.

Voorzichtig, hand in hand met Ida, daal je over de gladgeslepen rots af in de aarde. Terwijl onophoudelijk blitzlicht door de donkere ruimte spat, – waardoor straks op de foto's het onzichtbare zichtbaar zal zijn geworden, en daarmee onzichtbaar, – gaat het tot grote diepte steil omlaag, terwijl het steeds killer en vochtiger wordt; in de diepe schemering wijzen stalactieten dreigend naar het middelpunt van de aarde. De toeristen lachen en roepen naar elkaar, maar dat helpt niet. Beneden klauteren jullie langs doodstille plassen zwart water, dat niets weerspiegelt: de achterkant van spiegels, – misschien liggen diep in de aarde gestalten, die zich er in spiegelen. Hoog, ver weg als de spits van een kerktoren hangt het verblindend blauwe licht van de ingang, van de wereld (waar de heilige ezels met gebogen hoofden in de dunne schaduw van struiken staan, hun ruggen in de stekende zon), die iets onbereikbaars heeft gekregen hier in deze grauwe diepte vol bewegende schimmen. Je slaat je arm om Ida's schouders, misschien meer voor jezelf dan voor haar.

'Heb je het niet koud?'

'Helemaal niet.'

Op de bodem van de grot belanden jullie ten slotte in een uiterste krocht, waar een kretenzer staat die de lichtkegel van zijn zaklantaren laat dwalen over iets onbegrijpelijks, iets droomachtigs vol schaduwen, iets in een nis, misschien een altaar, in elk geval iets waar de oppergod is geboren uit Rhea, – in het geheim, aangezien Kronos, zijn vader, hem om politiek-dynastieke redenen wilde verslinden. Het gezicht van de gids is niet te onderscheiden, alleen zijn uitgestrekte hand, op drachmen wachtend. Die komen hem toe, hier op deze heilige plek (ontheiligd door de gekruisigde), en je geeft ze hem.

'Je zult het wel gek vinden,' zeg je, 'maar ik krijg hier net zo'n gevoel als toen ik jou geboren zag worden.'

'Shit, hee,' zegt Ida, 'was je daar dan bij? Dat wist ik helemaal niet. Wat heftig.'

'En ik zal je nog iets veel gekkers vertellen. Toen ik je geboren zag worden, was het net of ik mijn moeder zag.'

'Hoe bedoel je? Oma?'

'Toen ik je gezicht te voorschijn zag komen, dacht ik: verdraaid, mijn moeder.'

'En toen Dick geboren werd, dacht je toen aan opa?'

'Nee, dat denk ik tegenwoordig pas.'

Ja, nu ben je dus aangeland op het punt, dat je bereiken wilde. Zij heeft inmiddels begrepen dat zij geen preek krijgt over school, of over de onhebbelijke manier waarop zij Regina bejegent, maar dat het je om iets anders is begonnen. Misschien weet zij trouwens al wat het is: misschien heeft Dick haar verteld, dat hij jou heeft gevraagd of jullie uit elkaar gaan, en dat je dat hebt ontkend. Misschien heeft hij het zelfs in haar opdracht gedaan. In elk geval wil je weten wat zij er van denkt, wat zij er van zou vinden, – waarom vraag je het haar nu dan niet? Het is toch werkelijk niet zo wereldschokkend, dat eeuwige familiedrama; je kent nauwelijks iemand die niet gescheiden is, het is juridisch en sociaal geregeld en ethisch gerechtvaardigd door geleerden en filosofen, die zelf ook gescheiden zijn. Dat is dus allemaal in orde, ook als er kinderen mee zijn gemoeid. Of is het toch wereldschokkend? Is het misschien zo, dat ook het wereldschokkende niet meer wereldschokkend is? Je voelt je door loomheid bevangen. Misschien, denk je, doet eigenlijk niets er meer iets toe, misschien is de mensheid de aera van het Grote Schouderophalen binnengegaan, waarin alleen nog wat lusteloos rondgehangen wordt, eer iemand een bel luidt, het grote licht aan doet en met de rekening komt.

Plotseling ruik je de bloem, die je mee naar de diepte hebt genomen, – die overzoete geur van haar verzadigde dubbelgeslachtelijkheid. Je houdt haar tegen je neus en zegt:

'Ik moet opeens denken aan een smalle gang, vroeger naast ons huis en dat van de buren. Hij was ongeveer een meter breed en daardoor werkte ik mij vaak naar boven, naar de dakgoot, met mijn voeten tegen de ene muur en mijn rug tegen de andere. Stel je voor, ik was naar beneden gevallen en dood geweest. Dan hadden jullie ook niet bestaan, alleen mama. Dan was mama met iemand anders getrouwd, met andere kinderen.'

'Hoe kan dat nou!' zegt Ida. 'Ze houdt toch van jou? Dan was ze niet getrouwd geweest. Je kunt toch niet...'

Zij stokt. Je kunt haar gezicht niet zien, maar zoals een landschap 's nachts door de bliksem wordt verlicht, zie je opeens het Arcadië waarin die hinde nog leeft. Of heb je het nu tegelijk verstoord? Ontroerd geef je een kus op haar voorhoofd en legt haar hand om de bloem.

'Zullen we teruggaan?' vraagt zij. 'Ik krijg het nu toch koud.'

Je knikt.

'We gaan.'

Als jullie de voorlaatste dag van je vakantie 's morgens in Ajíos Nikólaos aankomen, is de sfeer in het stadje veranderd. Overal surveillerende politieagenten in groene uniformen, op scooters rijden zij langzaam door de straten, op het plein bij de bank staan getraliede politiebussen, – misschien versterking uit Iráklion. Je veronderstelt dat er iets militairs aan de gang is (op de oostpunt van het eiland ligt een NATO-basis), maar in de haven staat de kade vol toeristen, die met kijkers over de blauwe baai turen en met telelenzen foto's nemen. Daar, op een kilometer afstand, ook weer bewaakt door een politieboot, ligt een kolossaal wit motorjacht voor anker. Het ligt stil, op de plek waar het is, een majestueus stilliggen in de zon, dat tegelijk sprookjesachtige beweging uitstraalt: van zijn onbekende herkomst naar zijn onbekende bestemming.

'Daar heb je ze,' zeg je tegen Regina. 'De eigenaars van de aarde.'

'Is het echt nodig, dat we hier blijven staan?'

Die toon! Alsof jij degene bent, die liever op dat schip zou zitten dan hier staan. Geërgerd draai je je om en gaat naar de kiosk om je krant te kopen. Pas wanneer je op je terras bij de kerk zit, merk je dat het dezelfde aflevering is als de vorige dag: dezelfde berichten en foto's, al volledig vergeten, staren je uit een put van verveling aan, verouderder dan de geschiedenis van Knossós. Ook dat nog. Je hebt nog niet besteld en nijdig ga je terug naar de kiosk, waar nu vreemdsoortige beweging heerst.

Het maakt de indruk van een overval. Geflankeerd door twee gespierde mannen, die ondanks de hitte wijde windjeks dragen en onafgebroken om zich heen kijken, zijn twee slanke vrouwen bezig de rekken te plunderen. De ene is donkerblond, de andere zwart, je ziet alleen hun ruggen: hoe zij bukken, op hun tenen gaan staan en de Fortune, de Vogue, de Elle, de Burda, de Lei, de Cosmopolitan, de Marie Claire, de Penthouse maar ook de Herald Tribune, Le Monde, Der Spiegel, de Wallstreet Journal, de Financial Times van de stapels pakken en uit de wasknijpers trekken, de bladen steeds aan een derde man gevend, terwijl de oude kioskdame, wier gezicht je nooit hebt gezien, haar hoofd uit haar donkere muizenhol heeft gestoken en verbijsterd probeert te volgen wat er allemaal gebeurt. Geduldig sta je te wachten met je oude krant, maar als de donkerblonde aanstalten maakt ook de zijkant van de kiosk te belagen, herken je haar.

'Dag Ingeborg.'

Zij kijkt je aan.

'Dick! Wat een toeval!'

Zij is de vrouw van een van je grootste klanten, algemeen op een miljoen per week geschat, eigenaar van een farmaceutische multinational en nog een onbekend aantal andere ondernemingen, want de rijken zijn altijd nog rijker. Ofschoon zij begin zestig moet zijn, ziet zij er uit als vijfenveertig, – misschien ook dank zij bepaalde messen in zwitserse klinieken. Met harde, ondoordringbare gezichten kijken ook de twee mannen je aan; de vriendelijkheid van hun patrones is voor hen blijkbaar onvoldoende garantie.

'Wat doe jij in dit gat?' roept zij als jullie elkaar op de wang hebben gekust (dat wil zeggen, zij naast de jouwe de lucht). 'Dit is Bibi von Habsburg.'

Bibi, ook met lang, loshangend haar, heeft hetzelfde soort agressieve schoonheid als zij: alles in haar gezicht is iets sterker, misschien zelfs iets groter dan bij de meeste vrouwen. Als je Ingeborg vertelt, dat je heel burgerlijk met je gezin op vakantie bent, zegt zij 'Braaf zo' en nodigt je uit om aan boord een 'glaasje prik' te komen drinken, want zij is blij weer eens een ander gezicht te zien. Zij steekt een arm door de jouwe, Bibi doet hetzelfde aan de andere kant, en jullie wandelen naar je terras, op gepaste afstand gevolgd door de twee gorilla's. Alleen voor zeer scherpe waarnemers zijn zij te onderscheiden van de kidnappers, die Ingeborg een paar jaar geleden voor veertig miljoen gulden drie weken hebben vastgehouden in een loods, waar zij aan de muur geketend was. De derde bediende rekent af bij de kiosk.

Terwijl jullie op Regina en de kinderen wachten, vertelt Ingeborg dat Job met een paar vrienden zijn zestigste verjaardag viert. Drie dagen geleden hebben zij zich verzameld in Venetië, bij Cipriani, waar de boot klaarlag; die was inmiddels vanuit Cap d'Antibes om Italië heen gevaren. Overmorgen arriveren zij in Alexandrië, daarna gaat het met een stel helikopters naar Karnak, waar in de ruïnes van de Amontempel een privé-opvoering van Aïda is geregeld. Na nog een nacht in Cairo, in het Mena House, met uitzicht op de pyramide van Cheops, zal Jobs Boeing iedereen die zelf geen vliegtuig heeft naar huis brengen.

'Het slaat allemaal nergens op, maar dat joch houdt nu eenmaal van trakteren, dat weet je. Kon hij vroeger op school niet.'

Je knikt, want je weet het. Je kunt goed met hem opschieten, – dat is je trouwens geraden. Elke maand lunchen jullie in een chic amsterdams hotel, dat hij bezit, waar jullie de te volgen publiciteitscampagnes bespreken; na de whisky's, de flessen Corton Charlemagne en Romanée-Conti en de cognac begeven jullie je meestal – voorafgegaan en gevolgd door auto's met veiligheidsagenten – in zijn gepantserde Chrysler naar een gesloten club voor heren, waar Job voornamelijk prijs stelt op jonge vietnamese of thaise meisjes, die weinig gelijkenis vertonen met Ingeborg. Zelf (dat moet ik je nageven) laat je je meestal trakteren op iemand, die een af-geleide is van je eigen noordse Regina.

Met in haar ene hand een bedrukte plastic tas vol brood, vlees, melk, wijn, sla, in haar andere een sigaret, verschijnt zij om de hoek en haalt haar wenkbrauwen op als zij je ziet zitten tussen de twee flamboyante vrouwen. Zij heeft Ingeborg een paar keer vluchtig ontmoet, maar zij begroeten elkaar als oude vriendinnen; Bibi neemt je voor zich in door in het duits bij Dick te informeren, waarom hij een pleister op zijn voorhoofd heeft.

'Ingeborg nodigt ons uit om iets te drinken op de boot,' zeg je; en nogal vals voeg je er aan toe: 'Heb je daar zin in?'

'Lijkt me enig!'

Als jullie opstaan, zie je dat zij zich schaamt voor haar boodschappentas; je stopt je krant er in en neemt de tas van haar over. Door de drukke winkelstraat wandelen jullie naar de haven, terwijl Ingeborg vertelt dat de politie heeft geadviseerd, liever niet te gaan passagieren, want er schijnen wat vreemde types in het stadje rond te hangen; alleen vanavond gaan zij gezamenlijk in Hotel Minos Beach dineren. Tussen twee gammele vissersboten ligt een brede, blinkende speedboot afgemeerd. De man in bermuda-shorts, die zijn benen van het dashboard zwaait en overeind komt, ken je uit het amsterdamse uitgaansleven: Kruimeltje bijgenaamd, een atletische avonturier en stuntman, die goed kan koken, soms een disco heeft, dan weer niet, altijd in gezelschap is van verblindende vrouwen en vaak maandenlang naar Zuid-Frankrijk verdwijnt.

'Zo, ouwe rukker!' roept hij, terwijl hij je aan boord helpt met je tas en zijn hand als een heiblok op je schouder laat neerdalen. 'Mag je even mee?'

Deemoediging hangt in de lucht. Je lacht bête en werpt een snelle blik op Regina; maar zij heeft het te druk met Bibi, die haar armbanden bewondert en de indruk weet te wekken alsof zij in Regina eindelijk een verwante ziel heeft gevonden. Arme Regina, denk je. Niets weet zij van de wereldse listen die nu op haar toegepast worden, van deze totale hartelijkheid, die elk moment weggerukt kan worden, zoals een brandweerman een gordijn wegrukt als hem dat goeddunkt. Je vreest dat zij later aan haar vriendinnen zal vertellen, dat de aartshertogin zo 'gewoon' was, terwijl jij weet dat zij alles was, behalve nu juist dat.

Staande achter het stuur, naast zich de twee bewakers die zich aan het windscherm vasthouden, start Kruimeltje de motor en geeft meteen vol gas, zodat de boot in een steigerende curve van de kade wegschiet.

'Kan het misschien wat minder?' roept Ingeborg, terwijl zij haar haren bij elkaar probeert te houden.

'Ben je belazerd!' schreeuwt Kruimeltje zonder om te kijken.

Je kinderen komen in extase door plotseling die snelheid, de harde klappen op het water, het lawaai, al dat schuim en geschreeuw, het griekse licht in de baai en het witte schip, waar zij in een boog op af stuiven. Je wist dat Job een villa heeft aan de Côte d'Azur, en natuurlijk een jacht, maar niet dat het zulke afmetingen heeft. *Anything Goes* lees je op de boeg, terwijl jullie langzaam deinend naar de midscheeps neergelaten trap glijden. Uit de hoogte weerklinkt zachte muziek.

Op het voordek ontvouwt zich een ontspannen tafereel van zonnebaders, rondhangende jongelui, kletsende en lezende mannen en vrouwen in makkelijke stoelen onder parasols; van de reling aan de andere kant, uit het zicht van de kust, wordt in zee gedoken. Als Bibi von Habsburg op haar lange benen in de kajuit verdwijnt, zegt Ingeborg:

'Zij is getrouwd met een braziliaanse wapensmid, maar volgens mij houdt zij het met Kruimeltje op deze trip. Enfin, vrijheid, blijheid.'

Je werpt een blik op Regina, die rondkijkt alsof er een theatervoorstelling aan de gang is. Dick en Ida sluiten zich aan bij een paar spelende honden van onbestemd ras, en Ingeborg beveelt de man met de tijdschriften, voor champagne te zorgen en Job te roepen.

'Ik ga jullie niet aan iedereen voorstellen, hoor. Daar, die uitgemergelde gastarbeider in die smakeloze zwembroek, dat is meneer Abdulaziz al Suleiman, bezitter van de halve Libanon, of Jemen, een of ander vreselijk land in elk geval. Die blonde pop met al dat goud is zijn vrouw, een deense, die was croupier in een van zijn londense casino's, – of croupeuse, hoe noem je dat. Betrekkelijk weerzinwekkend allemaal. Die dikke troel met dat babyface is Barbara Carlucci, vijftig warenhuizen en tien televisie-stations in de States, en die veedief die haar nu een cola inschenkt is Bill dit of dat, ik weet niet meer, olie in elk geval. Die chicard daar bij die sloep, die tegen die mooie meid staat op te biggen, is een jongen d'Orléans; zij is geloof ik een duitse televisieomroepster, die is hier met Na-than Goldstein, een projectontwikkelaar uit Frankfurt. Wel, onze muziekmans ken je,' zegt zij, terwijl zij naar een oude heer kijkt, die, on-dersteund door een madonna van Rafaël, uit het binnenste van het schip verschijnt als uit het graf.

Je kent hem: Herbert von Karajan, wiens symfonische geweld je thuis zo vaak ontketent met je stereotoren, – zijn witte kuif met die klei-ne salto over zijn voorhoofd duikelend. Je kijkt weer naar Regina. Misschien ziet zij, dat ook de grote wereld eenvoudig is wat zij is: een aantal mensen; dat moet onzichtbaar blijven, daarom kruist er een politieboot tussen de *Anything Goes* en de kust, niet alleen om gangsters op een af-stand te houden, maar vooral ook het volk. In de verte zie je je eigen strandje liggen.

'Ja, Regina,' zegt Ingeborg, 'je hebt mensen die verzamelen postzegels, maar ik verzamel mensen.'

Je weet het. Je weet ook, dat zij in de oorlog al duitse officieren verzamelde; maar zij weet niet, dat jij het weet, want dan stond je hier niet. Ook is het maar beter, dat Nathan Goldstein het niet weet: vermoedelijk zou hij dat nog minder op prijs stellen dan de avances van de franse prins jegens zijn vriendin. Terwijl Regina een glas neemt van het zilveren dienblad, dat haar wordt voorgehouden, legt zij even haar hand op je schouder. Jij neemt ook een glas en heft het.

'Op de volledige serie, Ingeborg.'

'Je good-looking echtgenoot,' zegt Ingeborg tot Regina, 'vindt weer het juiste woord. Maar ja, dat is zijn vak, daar wordt hij voor betaald.'

Op dat moment verschijnt Job, groot en zwaar en slobberig en met zijn sombere oogopslag, zijn aapachtig behaarde handen als altijd vol pijpen en blikken mixture, aan zijn arm een vrouw in een wit batisten hemd, een hoofddoek en met een grote zonnebril.

'Kijk eens wie we daar hebben,' zegt hij zonder een lachje en zonder teken van verrassing. In het engels stelt hij je voor aan de vrouw, – en laten wij aannemen, dat hij vervolgens zegt: 'Jacqueline Onassis.'

Terwijl je haar hand schudt, zie je haar in Dallas weer uit de open limousine klauteren, haar mantelpak bespat met de hersens van de president, – misschien om de politieman de auto in te trekken, misschien om te vluchten, – dat alles inmiddels fijngemalen en verpulverd in de geschiedenis en het verzengende licht dat op jullie schijnt en waarin zij nu lijfelijk voor je staat en vriendelijk lacht, alsof er niets is gebeurd. Is er misschien werkelijk niets gebeurd, achteraf? Waar is Kennedy? Was het een attische tragedie, afgelopen na de uittocht van het koor, waarna men bij een glas wijn napraat over de voorstelling? Waar is het? Waar is het verleden? Bestaat het verleden eigenlijk wel in hogere mate dan de toekomst?

Je ziet nog dat Regina bloost. Dan neemt Job je mee naar een kleine kring mannen in dekstoelen.

Count Fugger. Bruce Gottlieb. Vorst Mendelejev.

Taxerende ogen kijken je aan: je moet iemand
zijn, anders was je hier niet. Gottlieb heeft een
korte broek in de vorm van een tobbe voldoende uitmonstering geacht; hij ziet er uit als de
karikatuur van een jood in een antisemitische
brochure, compleet met vetrollen, briljanten
pinkring en dikke sigaar. Zijn gezicht en borst
druipen van het zweet. De vorst daarentegen
draagt een wit pak en een felrode das met een
reusachtige knoop; met zijn onverzorgde baard,
zijn grauwe haar tot op zijn schouders en zijn
doordringende blik bekijkt hij je als een speling
der natuur. Count Fugger is gehuld in een ge-
tailleerde, doublebreasted blazer met regi-
mentsdas, terwijl zijn schoenen die onwereldse
glans vertonen die uitsluitend wordt bereikt,
wanneer ten minste één knecht daaraan zijn
leven wijdt. Hij blijkt een zwitserse bankier;

Mendelejev is als gevolg van de wereldgeschiedenis een engelse kunsthandelaar en Gottlieb een amerikaanse 'krantenjongen', zoals je van Job verneemt, – dat wil dus vermoedelijk zeggen, een jongen met vijftig kranten, vijftig drukkerijen en vijftig uitgeverijen. Op tafel ligt een dik, opengeslagen boek.

De graaf vestigt zijn helblauwe duitse ogen op je en vraagt in het engels:

'En u, wat doet u voor de kost, meneer?'

Kennelijk hebben ze je al thuisgebracht.

'Ik ben maar een eenvoudige reclamejongen,' zeg je met een lach, die jezelf meteen nog onaangenamer is dan ongetwijfeld de anderen.

'Als ik zijn teksten lees,' zegt Job, terwijl hij zijn pijp uitklopt, 'zou ik bijna mijn eigen pillen slikken.'

'Wel, Dick,' zegt Gottlieb, 'als jij zo begaafd bent, dan kun je ons misschien helpen met een probleem. De vorst hier beweerde zonet, dat wij voorstander moeten zijn van het totalitarisme. Ben je het daarmee eens?'

'Ik dacht tot nu toe, dat wij daar tegen moeten zijn.'

'Ik ook. Maar de vorst zegt, dat voor ons in

het westen geld veel belangrijker is dan het marxisme-leninisme voor de russen. Wij bezitten geen geld, maar het geld bezit ons. Bij ons beheerst het kapitalisme de hele mens en in Rusland zouden de bolsjewieken dat graag willen met het communisme, maar dat is niet het geval. Met andere woorden, ons systeem is veel totalitairder en volgens Mendelejev is dat dus goed. Wat nu?'

Je voelt je niet op je gemak, je wordt op de proef gesteld. De vorst kijkt aan je voorbij, alsof hij er niets mee te maken heeft; Job is verdiept in het stoppen van zijn volgende pijp. Eer je iets hebt kunnen bedenken, ontmoet je Fuggers ogen weer. Zijn strakke kaken glanzen als zijn schoenen.

'Waarom leeft u eigenlijk, meneer?' vraagt hij.

Amuseren zij zich met je? Je voelt je heen en weer geduwd, zoals vroeger op straat in een kring agressieve jongens. Misschien moet je nu zijn dampende koffie in zijn gezicht gooien, of je beleefd verontschuldigen en opstaan, maar dat is allemaal niet wat je doet. In tegendeel, je hebt plotseling het gevoel of je bestaan op het spel staat. Er schiet je nu ook een antwoord te binnen op de vraag van Gottlieb ('Als wij geen geld bezitten maar door het geld bezeten zijn, dan zijn wij dus armer dan de russen'), maar daarvoor is het nu te laat.

'Ik leef...' begin je nadenkend, – ja, waarom leef je eigenlijk? Wat een goede vraag van de graaf. Het zijn er eigenlijk drie: *waardoor? voor wat? waartoe?* Welke ga je beantwoorden? Je leeft doordat je ouders je verwekt hebben; maar zij wisten niet dat jij het zou worden, dus waren niet eigenlijk zij het, die je op de wereld hebben gezet; dat je bent die je bent is blijkbaar iets, waarbij nog iets anders in het geding is. Maar nu leef je in elk geval. Voor wat? Om er iets van te maken. Waartoe? 'Om te sterven,' zeg je opeens. 'Net als iedereen.'

'Aha!' roept Mendelejev en steekt zijn lange armen in de lucht, in zijn ene hand een zilveren sigarettenpijpje, in zijn andere een zwarte sigaret. 'In mijn begin is mijn einde, zegt Eliot, het einde is het begin, zegt Hegel, – maar hier deze reclamejongen, een kind eigenlijk nog, die Hegel en Eliot net zo min heeft gelezen als jullie, raakt precies des poedels kern, als ik even een citaat verkeerd mag gebruiken. Niet de dood is de zin van het leven, want dat liedje kennen we, maar het sterven!' Hij steekt zijn sigaret aan, inhaleert diep, en terwijl hij met zijn rollende accent op andere toon verder gaat, ontwijkt met elk woord nog rook uit zijn mond. 'Ik ga jullie een vraag stellen.'

'Alweer,' zegt Fugger.

'Iedereen vindt het een ondraaglijke gedachte, dat hij begrensd is in de tijd, – maar als je nu ruimtelijk onbegrensd was, zou dat niet, o Fugger, even desolaat zijn als de onsterfelijkheid? Bij Zeus, nooit zit iemand in de put omdat hij lichamelijk niet samenvalt met het universum, ik ten minste heb daar nog geen filosoof of dichter over gehoord. Waarom eigenlijk niet, mijn Gottlieb?'

Gottlieb kijkt hem met opgetrokken wenkbrauwen aan en laat zijn buik even schudden.

'Ik wou dat ik jouw zorgen had.'

'Goed, geen antwoord,' constateert de vorst gelaten. 'Bedrukte stemming. Kennelijk geen tweede Spinoza aanwezig. Als het op socratische wijze niet lukt, dan zal ik in godsnaam maar iets doceren over ruimte en tijd. Veertien dagen geleden zijn mijn vrouw en ik overgestoken naar Le Havre en Parijs, waar wij eindelijk het Louvre weer eens hebben bezocht, en waar die wonderlijke pyramide in aanbouw is, waarover ik nog niet uitgedacht ben. Vervolgens zijn wij langzaam naar het zuiden gereisd met de Bentley. Met een Bentley mag je sowieso niet hard rijden, dat is meer iets voor Opels; vertel dat maar aan Günther Sachs,' zegt hij en duidt met zijn hoofd naar een man, die bij de reling een insekt van zich af probeert te slaan. 'Van Fontainebleau tot Les Baux, waar de edele albigenzen zijn afgeslacht, was het één fantasmagorisch panorama van alle eeuwen, de moderne tijd, de renaissance, de middeleeuwen en zelfs al de romeinse dagen in Orange en Nîmes en Arles. Ik had het natuurlijk allemaal vaak gezien, maar nu kreeg het een speciaal perspectief door jouw cruise, Job, die in het verschiet lag. Ik zag het als het ware van de andere kant, van Egypte uit. In Mantua, waar de misdaden van de Gonzaga's nog overal tegen de sombere muren hangen, stond ik in het Castello weer tegenover het mooiste fresco aller tijden, in de Camera degli Sposi, van Mantegna. Ach, lieve vrienden, weten jullie veel. Mijn hoofd is langzamerhand zo zwaar van al die dingen, dat het mij soms verbaast dat het niet van mijn schouders op de grond rolt. En dan te bedenken, dat er krankzinnigen zijn die het voor mogelijk houden, dat zulke dingen ook elders in het heelal voorkomen. Laten zij eens naar Vicenza gaan en het Teatro Olimpico bekijken, en het dan nog eens zeggen. In de Veneto heb ik ook Palladio's villa's weer bezocht, de architectuur als godsbewijs bijkans: La Malcontenta, Villa Barbaro. Het heeft geen zin er over te praten als je het nooit gezien hebt. En ten slotte natuurlijk Venetië zelf. Wat moet ik in hemelsnaam zeggen? Thalassa! Als een stenen ochtendnevel hing La Serenissima over de lagune. Mary McCarthy schrijft, dat over Venetië niets nieuws meer gezegd kan worden, maar zelfs dat is niet nieuw, want dat zei Henry James ook al: dat was dus het laatste nieuws over die metafysische stad. Daar scheepten wij ons in en voeren naar het zuiden, terwijl aan stuurboord, onzichtbaar achter de Apennijnen, dat betoverde Toscane lag met zijn cypressen, dat nooit is wat het is, maar van moment tot moment verandert in renaissancistisch, in romeins, in etruskisch, en weer terug. En dan: Rome achter de horizon. Onafwendbaar voeren wij met ons uitgelezen gezelschap de klassieke oudheid binnen: de steile rotsen van de helleense eilanden verschenen, soms met drie gebroken zuilen van een acropolis er op, als ondoorgrondelijke tekens, – en terwijl jullie onafgebroken over dat vreselijke geld zaten te praten, werd ik geleidelijk zo zwaar als Europa zelf.'

'Dat vreselijke geld,' knikt Gottlieb, 'dat wij bij jou moeten neertellen voor je twijfelachtige Rembrandts.'

'En nu,' zegt de vorst onverstoorbaar, terwijl hij met zijn sigarettenpijp naar de kust wijst, 'liggen wij op de rede van Kreta. Hier is de grens, precies hier. Vannacht varen wij verder naar Egypte, waar in de woestijn het doel ligt van onze reis door de tijd. En wat is dat doel, vrienden?'

Zelfs Job zelf kijkt hem nu aan met een blik, waaruit blijkt dat hij er geen flauw vermoeden van heeft. Er verandert iets in Mendelejevs gezicht als hij zegt:

'De muziek.'

'Ja,' mompelt Job, 'zo kun je het ook bekijken.'

'Ik leg je alleen maar uit, wat je in je farmaceutische onschuld hebt aangericht in mijn prometheïsche ziel. En hier,' vervolgt de vorst, terwijl hij nu plotseling jou strak aankijkt, 'hier op deze kretenzische grens tussen Europa en het Dodenrijk, verschijnt deze johanneïsche reclamejongen uit het niets, deze woordbekwame bediende met zijn brute gelaatstrekken, en laat zich ontsnappen dat de mens leeft om te sterven. Wat is dat voor ingeving op een plek als deze?'

'Het zal slecht met hem aflopen,' lacht Gottlieb, terwijl hij je een knipoog geeft.

'Zeer,' zegt Fugger en staat op, plukt een haar van zijn mouw en controleert met twee handen of de knoop van zijn das nog strak genoeg op de juiste plaats zit. 'En niet alleen met hem, want binnen drie maanden hebben wij een beurskrach.'

Met een langzame beweging, die eigenlijk een snelle beweging is, kijkt Job naar hem op.

'Je schertst.'

'Verkopen. Nu. Alles.'

'Maar de Dow Jones –'

'Precies,' zegt de graaf zonder de rest van de zin af te wachten en wandelt weg.

Gottlieb heeft het ook gehoord, maar zonder dat zijn glimlach verdwijnt kijkt hij dromerig uit over de zee, – het soort dromerigheid, waarin beslissingen worden genomen. Je bent er opeens niet meer voor hen. Je bent afgehandeld. Job pakt zijn pijpen en staat ook op, Mendelejev slaat zijn benen over elkaar en neemt het boek op zijn schoot.

Zijn redevoering heeft je van je stuk gebracht, nog nooit ben je zo door iemand toegesproken. Je voelt een soort beklemde verering voor hem, als voor een vader, en je zoekt een manier om dat te laten blijken; maar er hangt nu iets zo ondoordringbaar afwerends om hem heen, dat je de moed niet opbrengt. Je weet niet wat je moet doen en kijkt rond. De bewakers hebben hun windjeks uitgetrokken en zitten ontspannen in de zon, het pistool in hun broekriem. Hier op zee is het ruisen van de branding niet meer te horen. Op het bovendek, onder de langzaam draaiende radarantenne, zie je Regina; in het voorbijgaan krijgt zij een vuurtje van een man met kortgeknipt wit haar, die je bekend voorkomt maar die je niet thuis kunt brengen. Steunend komt ook Gottlieb overeind; en als even later Mendelejev gehaald wordt door een giechelend klein vrouwtje, de vorstin natuurlijk, die hem 'Dmitri' noemt en kennelijk iets leuks voor hem weet, zie je dat de vorst een beetje mank loopt. Gegroet hebben ze je geen van vieren.

Je bent alleen. Je staat op en kijkt of je Ingeborg ziet. Als je even de blik van Bibi ontmoet, topless in een ligstoel, geeft zij geen blijk van herkenning, zodat je haar niet aan durft te spreken. Je wordt nu met grote snelheid teruggestuurd naar waar je thuishoort. Verloren wandel je tussen de tycoons en schurken naar het achterdek, waar ook Regina en de kinderen geen ander gezelschap meer hebben dan elkaar. Het is of jullie niet meer zijn, waar jullie zijn.

'Je raadt nooit van wie ik een vuurtje heb gekregen,' zegt Regina.

'Van de kapitein.'

'Van Frank Sinatra.'

'Toe maar. Toch zul je je sigaret direct uit moeten maken. Ik heb sterk het gevoel, dat wij hier weg moeten wezen, en vlug ook.'

Op hetzelfde moment verschijnt Kruimeltje met jullie boodschappentas. Jullie kunnen mee terugvaren met de boot van Hotel Minos Beach, die dadelijk vertrekt; zelf moet hij *stand by* blijven voor de andere gasten. Als je te kennen geeft, dat je afscheid wilt nemen van Job, zegt hij dat hij in de stuurhut is, maar dat je moet opschieten. Binnen, in een gang, zie je voor een kajuitdeur een mannen- en een vrouwenschoen staan om gepoetst te worden; dan passeer je een kleine bar, waar Henry Kissinger blijkbaar net een geslaagde grap heeft verteld, want je ziet prins Rainier van Monaco met twee handen een kruk vasthouden om niet voorover te vallen van het lachen. In de stuurhut is Job aan het telefoneren. Pratend kijkt hij je aan zonder je te zien; als je even wuift, wuift hij automatisch terug en wendt zijn hoofd af.

Twee sombere grieken in versleten T-shirts helpen jullie aan boord van de hotelboot, die kennelijk de ravitaillering heeft verzorgd. Als je nog eens omhoog kijkt, is Kruimeltje al bij de reling verdwenen.

Het is nacht, maar nog steeds zwoel; geen blad beweegt. Ook de vleermuizen hebben zich al weer teruggetrokken, en op je terras kijk je een tijdje naar de bleke hagedis tegen de muur, die in zijn palaeozoïcum millimeter voor millimeter een grote mot nadert. Plotseling, zonder dat hij de laatste vijf centimeter afgelegd schijnt te hebben, zit de mot tussen zijn brede kaken: als een oude krant, denk je. Het dier dat het stilst kan zitten van alle dieren, kan ook het snelst bewegen: de natuur geeft wijze lessen. Ergens in de duisternis schreeuwt een uil en van het hotel komen klanken van de sirtaki; daarop dansen en springen nu mensen van middelbare leeftijd om te tonen, dat zij zich nog jong voelen, waardoor zij hun ouderdom onderstrepen. Dick en Ida slapen, Regina is naar de bar aan het strand. Het dek van de *Anything Goes* verschijnt voor je ogen, maar dat is je onaangenaam en je neemt de krant, die je gisteren ook al hebt gekocht.

Na een blik op een paar grote advertenties, waaraan je meteen ziet door welke bureaus ze zijn gemaakt, kijk je naar de satellietfoto van Europa. Van Scandinavië tot Midden-Frankrijk is alles verdwenen onder witte draaikolken; van Noord-Italië strekt een dreigende slurf zich uit naar de Rivièra, maar kan haar niet bereiken; Kreta staat er niet op. Je herinnert je, hoe verrassend en geheimzinnig het zelfs nog in jouw jeugd mooi of lelijk weer werd; nu zijn er alleen nog hoge- en lagedrukgebieden, de wereld is groter en daarmee kleiner geworden, je ziet waar alles vandaan komt en wat er gebeuren gaat, waarmee het geheim is vernietigd, zonder dat het weer daar beter van is geworden. De grens van Nederland is in het wolkendek ingetekend. Vroeger, als je een globe bekeek, verbaasde het je niet dat het op die wereldbol blijkbaar overal onbewolkt was; nu verbaast het je, dat op satellietfoto's geen grenzen te zien zijn, en dat de landen en zeeën niet bezaaid zijn met namen, en dat er geen scheepvaartlijnen over de oceanen slieren. Je glimlacht; daar moet je het morgen met Dick over hebben. Vroeger had je het ook voor Regina onthouden, maar je hebt haar zelfs niet verteld over het vertoog van Mendelejev.

De mot is nu helemaal naar binnen gewerkt en de hagedis wendt zich tot het volgende gerecht. Overmorgen om deze tijd, denk je, zit je weer onder de wolken in Amsterdam, aan je voeten de stapel kranten en weekbladen, die je urenlang met tegenzin doorbladert, tot je handen er zwart van zijn geworden. Je besluit ook even naar het strand te gaan. Met twee grote slokken drink je je glas leeg en doet de terrasdeuren op slot. Terwijl het ruisen geleidelijk toeneemt, wandel je over het gruis en de keien van de nauwelijks verlichte palmenlaan naar de hoteldependance.

Zwijgend en onderuitgezakt staren hier en daar nog wat gasten naar de donkere zee; de bar is al afgesloten met houten schotten. Regina is er niet, maar even later ontdek je op het strand een schim. Je stapt uit je espadrilles en loopt door het koele zand, waarvan nu niet alleen de temperatuur anders is dan overdag: plotseling is het geen vakantiezand meer, eigendom van vreemdelingen, in het buitenland te zien op folders, – voor de duur van de nacht is het in het geheim teruggekeerd tot het zand, dat het eigenlijk is en altijd was. De maan is nog niet op; buiten het bereik van de lampen op het terras onthult zich boven de zee een sterrenhemel van zo'n meedogenloze, koude pracht, dat het is of je ook zelf wordt geperforeerd.

Zij zit op het houten staketsel van een stretcher en hoort je niet aankomen. Geërgerd zie je plotseling waar zij naar kijkt: stralend als een neergedaalde snipper van het uitspansel ligt in de verte de *Anything Goes* in de nacht.

'Is het mooi?'

De schok van schrik in haar rug roept één moment je oorspronkelijke liefde voor haar wakker (ook zij maar een armzalig lichaam!) – als je haar blik ziet, is het meteen verdwenen. Zij wendt haar ogen af, met in dat afweren de boodschap dat je te min bent voor woorden. Je gaat naast haar zitten en zij schikt op, ofschoon er voldoende afstand is tussen jullie. Zij steekt een sigaret op en laat de deksel van haar zilveren aansteker dichtklappen met het geluid, dat alleen de duurdere merken maken. Met een elleboog steunend op haar knie, de sigaret tussen wijs- en middelvinger, beweegt zij de lange nagel van haar ringvinger langzaam heen en weer onder die van haar duim. Denkt zij aan Frankie Boy? *The Voice*, die haar vuur geeft? Je kijkt naar het jacht. Op de zwarte zee, tegen de zwarte sterrenhemel, is het of het zweeft. Dichterbij is de knabbelende branding wit als tandpasta in het licht van de strandbar; waar de duisternis begint, deinen de plezierboten verlaten en bijna onzichtbaar aan hun ankertouwen.

Vroeger, zelfs vorig jaar nog, zou het nu tot een hatelijke scène zijn gekomen tussen jullie. Bij voorbeeld zo:

'Regina, ben je nu werkelijk zo ontevreden met je leven, dat je hier moet gaan zitten en naar die boot kijken als naar het Hemelse Jeruzalem?'

'Als je gekomen bent om me te treiteren, donder dan liever meteen op.'

'Ik stel alleen een vraag, waarom is dat dadelijk treiteren?'

'Ja, jij stelt alleen een vraag.'

'Zeg dan, waarom je hier zit. Dacht je misschien, dat het op die boot anders is dan bij jou thuis, behalve dat ze meer geld hebben en in de krant staan? Of gaat het je daar juist om?'

'Zak...'

'Vanochtend drukte je je anders uit. Altijd poeslief als er andere mensen in de buurt zijn, maar je bent nog niet met mij alleen of je verandert van een perzik in een citroen. Alleen ik weet, wat voor vrouw jij bent.'

'En ik, wat voor klootzak *jij* bent.'

'Moet je toch horen. En ik maar gevleid glimlachen als iemand weer zegt, wat een schat van een vrouw ik toch heb, en dat ik daar maar heel zuinig op moet zijn. Niemand weet iets van andermans huwelijk. Misschien niet eens van zijn eigen huwelijk.'

'Nee, jij in elk geval niet. Je hebt geen idee, wat een puinhoop je er van hebt gemaakt.'

'Ik ben ten minste eerlijk.'

'Jij eerlijk, laat me niet lachen. Je hele leven is een leugen.'

'Ja, ik eerlijk. Ik doe me niet anders voor dan ik ben.'

'Behalve dan wanneer ze tegen je zeggen, wat een schat van een vrouw je hebt. *Ik* doe me niet anders voor dan ik ben.'

'Zo? En wat deed vanochtend dan die hand van je op mijn schouder, toen je dat glas champagne pakte?'

81

'Ik weet niet waar je het over hebt.'

'Maar ik. Je wou laten zien, wat een gelukkig huwelijk je hebt. Maar als je met mij alleen bent, leg je nooit je hand op mijn schouder. Dan schik je een eind op.'

'Daar heb je het dan naar gemaakt.'

'Als ik het er naar gemaakt heb, moet je ook niet je hand op mijn schouder leggen als er anderen bij zijn, – en zeker niet die heks van een Ingeborg. Wat denk je hoe die haar huwelijk er uitziet?'

'Wat weet jij daarvan?'

'Meer dan ik jou zal vertellen. Neem nu maar van mij aan, dat die haar huwelijk er ook uitziet als een duitse stad aan het eind van de tweede wereldoorlog – net als het onze.'

'Wat kun je het toch altijd mooi zeggen.'

'Ja, verwijt mij dat vooral. Dat ik het altijd mooi zeggen kan, daaraan heb jij je comfortabele warme bed te danken.'

'Ja, jammer alleen dat jij er ook in ligt.'

'Met die opmerking ontken je dus je eigen kinderen, maar dat besef je niet eens. Waarom heb ik toch in hemelsnaam een holle vrouw getrouwd? Dat moet toch corresponderen met een zekere holheid in mijzelf. Wat een vreselijke gedachte.'

'Amuseer je je nogal? Dat zal dan dat holle beroep van je zijn. Je had jezelf eens moeten zien vanochtend, je was nog meer de knecht dan Kruimeltje.'

'Jezus, wat een verschrikking! Waarom donder je eigenlijk niet op?'

'Als Dick en Ida er niet waren, was ik al lang opgedonderd. Eindelijk bij jou vandaan, en dat rothuis uit, en die smerige rotstad. Je weet hoe ik het allemaal haat daar in Amsterdam, niet eens een tuin hebben we. Maar jou kan het niets schelen wat ik vind, jij trekt je niets van mij aan, dat zegt iedereen.'

'Al die lui met hun mooie tuinen in die ellendige snertdorpen zijn jaloers op ons appartement. Die hebben al lang spijt dat ze buiten zijn gaan wonen, maar nu kunnen ze niet meer terug, vanwege de school van hun kinderen. En daarom proberen ze het jou tegen te maken, en jij trapt er in, aangezien je een stomme trut bent.'

'Natuurlijk, ik ben weer een stomme trut, en wat ben jij?'

'Was het niet 'klootzak'?'

'Je denkt zeker dat je leuk bent. Altijd ben ik stom, ik hoor niet anders van je, nooit doe ik iets goed, altijd is alles verkeerd.'

'En als ik je een compliment maak, dan doe ik dat volgens jou alleen om het je onmogelijk te maken, mij te verwijten dat ik je nooit een compliment maak. Dat is dus een dubbele rotstreek van me. Is het zo niet? Ik heb je langzamerhand door, secreet, met je eeuwige ontevredenheid, dat weerzinwekkende zelfmedelijden van jou.'

'Ja, lul je maar suf. Iedereen zegt, dat ik gek ben dat ik —'

'Iedereen zegt, iedereen zegt... Leef je dan verdomme alleen via anderen? Ben je zelf niemand? Al die gelukkige gezinnen met hun tuinen, schei toch uit, mens. Wat denk je wat zich daar afspeelt? Elk huis heeft zijn kruis.'

'Is dat je nieuwste *unique selling proposition*? Knap, hoor. Ga er maar tienduizend gulden voor opstrijken.'

'Ja, dan kun jij eindelijk wat kopen, je hebt toch nooit iets om aan te trekken? Zal ik jou nu eens precies vertellen, hoe het met jou zit?'

'Ik luister niet meer naar je.'

'Mooi zo, dan kan ik ten minste uitpraten. Jij kijkt naar al die mensen als naar reclamespotjes op de televisie, zoals mensen als ik die maken. Het enige dat er aan ontbreekt, is de bijpassende muziek en de slow motion als zij met gewassen haren over het gazon van hun burgermanstuinen springen, met daaronder de gifgrond. Jij denkt, dat hun leven echt zo volmaakt en hemels gelukkig is, terwijl dat beeld alleen maar een uitgekiende portie life style is, handel, bedrijfsleven, een kwestie van poen en verder niets. Maar omdat jouw leven er alleen van buiten zo uitziet, en niet van binnen, ben ik een klootzak en jij de bedrogene. Wat jij zoekt is een soort paradijselijk geluk *binnenin* het geld, weet ik veel, de ziel van het goud of zoiets, als een soort pecuniaire mystica, – maar dat zul je niet vinden, want die wereld bestaat niet. Die bestaat alleen in het hoofd van klootzakken als ik. Waar denk je eigenlijk te kunnen stoppen om eindelijk tevreden te zijn? Heb je wel eens gezien, hoe die mensen uit het hotel naar ons huis hier kijken?'

'Het is helemaal niet ons huis.'

'Daar heb je het weer. We *wonen* er toch! Maar

dat is jou niet genoeg, – nee: hebben. Hebben, hebben. Precies zo kijk jij naar al die bungalows met zwembad van je vrienden; maar als je daar woont, wil je weer wonen als Job. Je haalt het nooit, je zit altijd weer in de eerste klas, daar had ik het laatst nog met Ida over. Als Job morgen de pech heeft, dat hij op zee Gordon Getty tegenkomt, met een nog groter schip, en de koningin aan boord, dan stappen ze allemaal over en hij kan de pest krijgen met zijn Aïda in Karnak. Maar goed, dan zit je eindelijk op Cap d'Antibes met twintig bewakers, dacht je dat je dan plotseling ook gelukkig getrouwd was? Dan is alles exact hetzelfde, behalve, dat bovendien je kinderen ontvoerd worden. Dan kun je een pakketje openmaken, met een oor er in. Alles wordt afgerekend, Regina. Ik ben nooit zo gelukkig geweest als die avond op mijn huurkamer, toen jij uit Parijs terugkwam.'

'Dat is lang geleden.'

'Twaalf jaar, om precies te zijn. En daarom ben je ontevreden om een volstrekt belachelijke en infantiele reden, en ik moet er voor boeten. O.K., dat is de straf voor mijn cynische beroep, voor de ongelukkigmakende gelukkige werelden, die ik verkoop. Ik verscherp het kruis door het te ontkennen, in plaats van het te ontscherpen door het te bevestigen, zoals een echte schrijver doet. Als morgen de marketing verboden wordt, sta ik daar als één man achter. Dan word ik eindelijk ook een contactgestoorde intellectueel. Dan stuur ik jou de baan op en ga een literair meesterwerk schrijven, een groteske wereldfabel van vijfhonderd bladzijden. Maar eerst ga ik mij nog een dubbele whisky inschenken. Jij ook, zo lang het nog kan?'

'Je kunt doodvallen, jij.'

Het is niet zeker, dat het allemaal zo gezegd had kunnen zijn, want jullie hebben geen woord gesproken. Zwijgend zitten jullie naast elkaar. Plotseling voel je de neiging haar te slaan, zo hard je kunt, in haar gezicht; maar dat doe je niet. Geef toe, dat je wanhopig bent. Jullie maken zelfs geen ruzie meer. Het ziet er naar uit dat het zwijgen van het heelal, daarboven tussen de sterren, jullie voorgoed heeft vastgegrepen.

En dan gaan jullie maar eens terug. De bar is nu ook verlaten; zwijgend lopen jullie over het pad, naar het geluid van jullie voetstappen luisterend. Je hebt eigenlijk geen zin meer in alcohol. Thuisgekomen ruim je de glazen op en doet de luiken dicht. Terwijl Regina naar de kinderen gaat kijken, drink je in de keuken nog een glas melk, zoals elke avond voor het slapen gaan, – je ogen gevestigd op de strada kleine mieren, die gedurende al die weken op dezelfde plaats en met dezelfde onbegrijpelijke slingers over de gekalkte muur trekt. Alles beweegt en tegelijk is het een figuur die stilstaat. Het is nog steeds spitsuur, maar hoe gehaast zij ook tegen elkaar in rennen, elke mier vindt tijd om elke tegenligger een kort moment te begroeten, of te controleren. Daar gaat het heen, denk je. Terwijl je overweegt of je hiermee iets kunt doen, voor een of ander account (*Wilt u soms dat het daarheen gaat? Onze PC-704 KX-Turbo*

Target...), hoor je in de woonkamer een gil van Regina.

'Dick!'

Half uitgekleed, haar handen op haar kruin, staat zij in een hoek gedrukt en kijkt naar een vleermuis, die, in hoekige zwenkingen, zwart als een verkoold stuk papier, langs het plafond fladdert.

'Pas op!' roept zij, als je door de kamer loopt om de luiken naar het terras weer open te maken. 'In de krant stond dat ze besmet zijn met hondsdolheid!'

'In Nederland. Niet hier. Ga maar in de slaap-kamer.'

Je doet het licht op het terras aan en het licht in de kamer uit. Buiten blijf je wachten, je hoort hem fladderen, maar hij komt niet te voorschijn. Dan besef je dat het dom is wat je doet: je denkt aan insekten, of aan vogels, of aan mensen, die uit het donker naar het licht willen. Je draait het licht op het terras uit en het licht in de kamer aan en even later zie je hem in een zwarte flits ver-dwijnen in de nacht.

Je steekt je hoofd even om de hoek van de slaapkamer en zegt dat hij weg is. Naakt zit

Regina op de rand van het bed; zij heeft een spiegel in haar hand en vet haar gezicht in.

'Goddank. Dat enge beest...'

Doordat het proces van het naar bed gaan nu onderbroken is, schenk je je toch nog een whisky in, en gaat er mee op de drempel van het terras staan. Je betrapt je er op, dat ook jij weer aan de *Anything Goes* denkt. Na hun diner in het hotel zijn zij nu vermoedelijk weer aan boord, sommigen hebben zich meteen teruggetrokken, anderen laten zich nog een cognac inschenken; Kruimeltje sluipt door de gangen naar Bibi, de prins neemt achter een sloep de televisieomroepster, en, terwijl het schip zijn anker licht, verklaart de vorst aan Karajan en Kissinger de invloed, die het Duizendenjarige Rijk Egypte via Boullée heeft uitgeoefend op Albert Speer en het Dozijnjarige Rijk, – waarop *Dear Henry* zegt: 'Het lijkt wel of u ontroerd bent.' Als een blok staat de nacht voor je ogen. Het is of je in die stilte je leven, het feit dat je bestaat, voelt als iets buiten je, als iets waar je in zekere zin niets mee te maken hebt, maar dat op een of andere manier samenvalt met alles wat je *niet* bent: met die hele wereld, die begint waar je lichaam ophoudt. Of heb je te veel gedronken? Je voelt dat je gestoken wordt, in je handen en je enkels, maar je negeert het; op je tenen en je hielen dein je langzaam voor- en achteruit, nu en dan zakken je oogleden dicht.

'In mijn begin is mijn einde,' mompel je, 'het einde is het begin...'

Je staat in jezelf te praten, het wordt tijd om naar bed te gaan. Je sluit de luiken weer, neemt toch nog een allerlaatste whisky, die je achter elkaar naar binnen slaat, en doet het licht uit. Alleen een zwak nachtlampje blijft branden. Als je de slaapkamerdeur opent, word je overweldigd door de warme geur van Regina. Slapend ligt zij op haar rug, half onder het laken, haar ene been opgetrokken, zodat je recht in haar kruis kunt kijken; maar dat tafereel bevindt zich in het donker, zodat je niets concreets kunt zien.

Opeens sta je te trillen. Je moet onmiddellijk in actie komen, eer zij haar houding verandert! Ergens in de keuken moet een zaklantaren zijn, maar je weet niet waar; als je het grote licht aan doet wordt zij natuurlijk wakker. Je oog valt op de spiegel naast haar bed. Snel pak je hem en loopt op je tenen terug naar de zitkamer; haas-

91

tig, met bevende handen, doe je de schrijftafel-
lamp aan, buigt hem horizontaal, en op de
drempel van de slaapkamer stuur je het licht met
de spiegel tussen haar benen. Je voelt hoe je in
opstand komt. Haar grote schaamlippen, alles
weggeschoren er omheen, baden als een pronk-
stuk in het spotlight. Omdat zij er zelf een afkeer
van heeft en liever een verborgener, meer in-
gebouwd orgaan had bezeten, krijg je het eigenlijk nooit te zien. Zij kan zich niet voorstellen dat het jou juist opwindt, dat bestaat niet,
dat zeg je maar, uit beleefdheid, maar in werkelijkheid vind je het natuurlijk ook walglijk,
want dat is het, haar hoef je niets wijs te maken.
Maar dat is niet wat je vindt, je vindt het prachtig, om gek te worden van opwinding; dat zij
gebouwd is zoals zij is gebouwd, is juist een van
de dingen waardoor je van de eerste dag af aan
haar verslingerd was. Je kijkt er naar als een
kleine jongen, die voor het eerst zoiets ziet,
terwijl je sinds jaar en dag bij haar bent en zelfs
je kinderen er uit te voorschijn hebt zien komen.
Geschrokken draai je je om: bespieden zij nu
misschien op hun beurt jou? De deur van hun
kamer is dicht, de klink beweegt niet. Stel je

toch voor! Je richt de spiegel weer en het licht beeft over de wulpse, verticale mond, die een beetje openstaat als om te drinken. *Voelt* zij het licht niet? Slaapt zij eigenlijk wel?

Plotseling maak je er een eind aan. Je doet de bureaulamp uit en legt de spiegel terug. Snel kleed je je uit en schuift naast haar, waarbij je er voor zorgt, dat zij wakker wordt. Kreunend draait zij zich op haar zij en je vraagt of zij van de vleermuis droomt. Met een dikke tong zegt zij, dat zij zich bezoedeld voelt. Onzeker begin je de cachemir huid van haar buik te strelen, bang dat zij je hand weg zal duwen met die harde, meedogenloze beweging. Door de ruzies en de stemmingen komt het meestal niet meer tot vrijen, alleen nog na veel drank; maar nu hebben jullie ten minste even gepraat, al is het over een vleermuis. Je hand glijdt tussen haar benen en je voelt wat je zag, en hoe nat zij nu is. De natheid van de vrouw is het geluk van de man! Hijgend en steunend begin je te verzinken, eerst in jezelf, dan in haar, – dank zij de onheilspellende indringer, die nu ergens boven de wijngaarden of in de heuvels zijn heilige holle eik opzoekt in het maanlicht.

WATER

Weet je zeker, dat je tot zo ver met dit alles mee kunt gaan? Het zijn natuurlijk maar onderstellingen, supposities, hypothesen; vanzelfsprekend zou jij, bij voorbeeld, nooit zulke porno-visuele fratsen met spiegels uithalen, en ik natuurlijk ook niet, het idee alleen al. Maar tegelijk is niets menselijks je vreemd, je bent bereid alles onder ogen te zien – waarmee dan nu de laatste dag van je vakantie is aangebroken.

's Nachts ben je een keer wakker geworden van onbestemd kabaal buiten, je wilde opstaan om te kijken wat er aan de hand was, maar de slaap heeft je teruggetrokken naar de diepte, waarna je droomde dat je uit bed komt en kijkt wat er aan de hand is. Nu wordt het ernst, want alles kan men verzinnen, alleen dromen niet.

Het gedruis blijkt afkomstig van de storm die je in je rug hebt, terwijl je in Amsterdam naar huis gaat. Twee mannen komen je tegemoet, voorovergebogen, hun paraplu's recht voor zich uit houdend. Bukkend loop je tussen hen door, maar in plaats van hun paraplu's iets op te tillen laten zij ze nog verder zakken, zodat je verstrikt raakt in een kluwen van druipend zwart nylon en baleinen. Woedend begin je tegen ze te schreeuwen, waarop uit de mond van de ene een vloed zilverig blinkend braaksel verschijnt en als een soort baard blijft hangen. Geschrokken maak je dat je thuiskomt. Daar meldt de 'operateur' zijn bezoek aan. 'Je kunt mij een glas wijn aanbieden,' zegt hij, maar de wijn is op. Plotseling ontstaat in de muur een gat, waardoor een dikke straal blauwgekleurd water naar binnen spuit. Uit de keuken haal je een te kleine pan, waarop je naar Regina schreeuwt dat zij met de grootste pot moet komen. Even later verschijnt zij met een vergiet. Je vraagt of zij misschien niet meer goed wijs is; daar denkt zij even over na, maar ontkent het dan. Het spuiten houdt op. Maar vervolgens laat over de volle hoogte het glas van het raam los: nog juist kun je het tegenhouden met twee handen. De storm raast en de operateur zegt: 'Ramen waaien wel eens naar binnen.' Je zegt dat je er dikker glas in zult laten zetten, en er een kruis tegen zult laten spijkeren. 'Hoe kan het dan nog omhoog geschoven worden?' vraagt de operateur, maar volgens jou kan dat best...

Je schrikt wakker. Buiten hangt nog steeds hetzelfde lawaai. In het licht, dat door de kieren schijnt, kijk je naar Regina. Zij slaapt, over haar ogen haar zwarte masker; je hebt niet gemerkt dat zij het heeft opgezet. Je komt uit bed en opent de luiken – meteen worden zij uit je handen gerukt en slaan met een klap tegen de muur.

De dromer had gelijk: het stormt werkelijk. Niets in de tuin staat stil, de bomen, de struiken, de planten, alles schudt en wappert, door de wuivende palmenlaan rollen metershoge stofwolken, vermengd met bladeren, zaden, kranten, plastic zakken; achter de pijnbomen hangt het zieden van de branding. Maar alles gebeurt in het verblindende griekse licht, de lucht is bijna even blauw als altijd.

'Wat is er in godsnaam loos?'

Rechtop zit Regina in bed, het masker op haar voorhoofd.

'Mistral.'

'Leuk is dat, de laatste dag.'

'Ik denk dat we precies op tijd weggaan.'

De kinderen zitten te kaarten op hun bed. Omdat weinig onnatuurlijker is dan kinderen, hebben zij vermoedelijk niets gemerkt van het weer. Als Regina aankondigt, dat er vandaag niet naar het strand gegaan wordt, ontsteekt Ida in woede, maar jij zegt dat jullie niet de hele dag in de mistral kunnen zitten.

'Die waait hier niet,' zegt Dick.

'Nou, föhn dan.'

'Waait hier ook niet.'

'Die zee zit mij sowieso tot hier,' zegt Regina. 'Vandaag rijden wij de bergen in en gaan ergens tussen de olijven picknicken.'

'Gedver!' roepen Dick en Ida tegelijk.

En jij zegt:

'Gaan jullie maar, ik blijf hier een beetje rondhangen. Ik eet ergens wel wat.'

Regina knikt met een gezicht alsof zij niet anders had verwacht.

'Gezellig ben je weer. Enfin, zo is het altijd,' – en jij weet, dat je die zin nu moet aanvullen met de woorden: '... als wij met elkaar naar bed zijn geweest'.

Maar je hebt behoefte om eens alleen te zijn,

misschien om je mentaal voor te bereiden op de terugkeer naar je werk. Als zij tegen een uur of elf in de jeep stappen, haalt Dick zijn vinger over het spatbord, kijkt er even naar en laat je het gelige stof zien:

'Saharazand. Scirocco.'

Langzaam rijden zij over de schelpen naar het hek, dat je openhoudt: Regina met een sigaret tussen haar lippen achter het stuur, de kinderen nors op de achterbank, Ida met haar walkman, Dick met zijn boek. Je staat klaar om nog eens te wuiven, maar niemand kijkt om.

Je doet het hek dicht en opent het deurtje van de brievenbus. Je haren wapperen om je hoofd en je moet je oogleden een beetje dichtknijpen voor het stof. De wind is een vreemde, onafgebroken stroom warme lucht uit de heuvels, van steeds dezelfde sterkte, die eerder aan een reusachtige tocht doet denken dan aan de onregelmatige vlagen in het noorden. Natuurlijk ligt er geen post op het verlaten vogelnest.

Het huis, waarin je nu voor het eerst alleen bent, ontvangt je met een pertinente stilte. Je drukt Regina's smeulende peuk uit en kijkt om je heen. Ontdaan van menselijk leven stoort de onpersoonlijkheid van de inrichting je plotseling; de eigenaar zit nu vermoedelijk in het casino van zijn hotel op Aruba en speelt Black Jack met het geld, dat jij in Amsterdam voor hem hebt verdiend. Wat nu? Je doet de radio aan en de kamer vult zich met een arabische litanie van de overkant. Uit een zak neem je een stukje pop corn, dat smaakt zoals een ongeluchte slaapkamer ruikt, en dan ga je de afwas maar eens doen in de keuken – om Regina in de gelegenheid te stellen je te verwijten, dat je alleen maar de afwas doet om het haar onmogelijk te maken je te verwijten, dat je nooit de afwas doet. Als je klaar bent, pak je tegen beter weten in de dikke zuidamerikaanse roman, die je van plan was in de vakantie te lezen en die je nog niet aangeraakt hebt. Het spaarzame gebruik van dialogen maakt een prettige indruk op je, maar je voelt je onrustig door het rumoer buiten. Na een kwartier sla je het boek dicht en kijkt weer rond. Morgenmiddag gaat het vliegtuig. Je bent er al niet meer helemaal, je merkt dat je je moet dwingen om niet alvast te gaan pakken. Je besluit, een kijkje aan het strand te nemen.

Met de wind in je rug en flapperende broekspijpen laat je je voortduwen door het stof. De bladeren van de palmen wuiven als het haar van vrouwen, die hun mannen nazien die ten strijde trekken. Dan valt je oog op een grote gele wesp, die bij de heg een dikke worm aanvalt; kronkelend probeert het dier de moordenaar van zijn lijf te houden, maar het heeft geen kans. Met vertrokken gezicht kijk je er naar, – en misschien komt het door het tumult van de storm, dat je de aanblik opeens niet kunt verdragen. Met twee handen pak je een grote kei, die je nauwelijks kunt tillen, en verplettert de hele gebeurtenis. Je hart bonst, je hebt echt ingegrepen. De parkeerplaats van de hoteldependance is leger dan anders. Terwijl het razen van de zee toeneemt, loop je langs de keuken naar het terras – en dan toont de groenblauwe vijver van de afgelopen weken opeens zijn ware aard.

Met dreunende slagen, als kolossale boomstammen die van een oplegger rollen, bonken hoge, grauwe golven op het strand, de storm vangt het opsproeiende water en drijft het in brede vitrages van mist langs de vloedlijn, terwijl de zon er schitterende kleuren in hangt. Tot aan de horizon blaast de wind witte schuimkoppen op de naderende golven, die er uitzien als opduikende en onderduikende scholen witte walvissen. Het tafereel vervult je met een bevrijdend welbehagen. Galopperend trekken de plezierboten aan hun trossen, alle met de voorsteven in de richting waar de wind vandaan komt. Een paar surfers zijn het gevecht aangegaan, verder in zee scheert een speedboot in roekeloze capriolen over de golven, bij elke sprong bijna omver geblazen; in de hoop dat het misgaat, staan nog meer mensen er naar te kijken, maar het gaat niet mis. Ondanks het stuivende zand is het strand vol, de parasols zijn dichtgeklapt, vrouwen met blote borsten rennen achter wegsteigerende luchtkussens aan en in de branding laten kinderen zich juichend neerslaan en aan land sleuren. De *Anything Goes* is verdwenen. Als je de lege plek ziet, voel ook jij je wat verlatener.

Omdat je nu toch hier bent, bestel je een lichte lunch op het terras, dat door het hotel en de pijnbomen enigszins beschut is. Terwijl je je salade nuttigt, met een kleine karaf witte wijn, kun je je ogen niet van de zee afhouden. Je wilt er heen, er in, alsof zij je juist in deze gewelddadige toestand goed zal doen, je zal reinigen en je op deze laatste dag kracht zal geven om het komende seizoen door te komen, thuis en op je werk.

Je rekent af met de franse jongen in bermudashorts, die hier voor ober speelt, en je gaat je duikuitrusting halen. Als je langs de kei komt, wentel je hem met je voet opzij. Honderden mieren krioelen geagiteerd over de natte, verscheurde massa; in het korte ogenblik dat je kijkt, zie je hoe een wespenvleugel recht overeind wordt weggedragen als een surfzeil. Thuis trek je je zwembroek aan en je gespt je waterdichte horloge, je kompas en je dieptemeter om je polsen, ofschoon je niet van plan bent echt te duiken; je controleert de spanning van het persluchtapparaat en gaat meteen terug.

Het is of je haast hebt. Op het waaiende strand zet je zorgvuldig je espadrilles op je handdoek, waarmee je je straks wilt afdrogen, en je hijst je in je cilinder en je loodgordel. On-willekeurig draai je je even om, alsof je nog je hand zou willen opsteken naar Regina en Ida en Dick, maar die rijden nu hoog en ver weg in de heuvels. Je ontmoet alleen de blik van een lange, magere man met wapperend grijs haar, die doordringend naar je staat te kijken in de stekende zon.

Nu loop je naar de zee. Je laatste, zware schreden doe je op het natte zand, dat bleek wordt waar je je voeten neerzet, alsof het bloed er uit wegtrekt. Je spuugt op de binnenkant van je masker, smeert het speeksel uit over het glas, spoelt het even uit en zet het op; je neemt het mondstuk tussen je tanden, trekt je zwemvin-nen aan en doet nog een paar hoge, fladderende passen. Dan, als je tot je knieën in het water staat, waar de bodem plotseling sterk daalt, draai je je om, houdt met beide handen je bril vast en laat je achterover in de concave holte van een overslaande golf vallen, als in een muil.

Gewichtloos deinend, een paar decimeter onder de oppervlakte, zwem je met rustige slagen van je vinnen door de branding, waar niets anders te zien is dan rollende wolken opwervelend zand en wieren. Het water is kouder dan de afgelopen weken; het is het diepere water, omhooggewoeld en naar de kust gestuwd door de zeegang. Omgeven door zee, onzichtbaar voor iedereen, verdwijnt je lichaam ook voor jou zelf in de vergetelheid: adieu, daar ga je, veertig jaar oud. Onder water is het water geen water meer, maar blauw licht, steeds blauwer en dieper, met overal schuine stralen zonlicht als ronddansende orgelpijpen tussen de bodem en het ondoordringbare, verblindend zwengelende, luchtbellen rondsproeiende dak. De storm, het aanrollen van de golven, al dat eenrichtingsverkeer is verdwenen en vervangen door ritmisch heen en weer wiegen, zoals wanneer een moeder op een bank in het park afwezig haar kinderwagen op en neer duwt. Er ligt een autoband tussen de zeesterren en de wuivende zeelelies, hier en daar ook een fles; waardig zwemmen de vissen om een groot, doorzichtig stuk plastic heen, dat verticaal in het water staat als een wezen uit een andere wereld. Zo voortzwevend, met langzame slagen, nauwelijks beseffend dat je ze doet, voel je je gelukkig.

Natuurlijk betekent dat, hoe ongelukkig en eenzaam je bent. Er is Regina, er zijn je kinderen, je vrienden en collega's: allemaal prachtig zo lang je nog onsterflijk was. Maar sinds enige tijd zul je sterven, het spijt mij dat ik het bevestigen moet (ik word er zelf droefgeestig van), je zult sterven zoals iedereen sterft; en dat je leeft betekent niet alleen dat jij bestaat, maar dat de wereld bestaat: die wereld zal verdwijnen met je dood, en voor jou zal zij dan nooit bestaan hebben, zoals zij inmiddels voor miljarden mensen nooit bestaan heeft. Maar als het zo is, dat zij er steeds weer niet meer is, honderdduizenden keren per dag, dan is haar eeuwige afwezigheid onafgebroken in haar geplant, als een dodelijk virus in een celkern, en dat virus ben jij in dit geval, waarover wij overeenstemming hebben bereikt. *Reeds met uw geboorte hebt u de wereld met uw dood geschapen* – misschien iets voor de folder van een coöperatieve vereniging voor lijkver-branding? Onafgebroken ontstaand en ver-gaand is de wereld als een flakkerende film van de gebroeders Lumière. Wat te zeggen van: *De aard van de wereld is, dat zij niet bestaat.* Volg je me nog? *Death style.* Eens had je de illusie, dat je je met de liefde en het vaderschap kon beschermen tegen die catastrofale, onherroepelijke wereld-ondergang; maar die gedachte was alleen mo-gelijk, doordat je toen nog in beestachtige on-wetendheid verkeerde over je eigen vernieti-ging. Of zou het allemaal minder somber zijn als je huwelijk beter was? Misschien, ik weet het niet; dat hebben wij in elk geval niet afgespro-ken.

Beheerst ademend en voortdeinend door dat blauwe domein, waarin het nooit waait en nooit regent, daal je nu naar een diepte van twee meter, terwijl je snel een paar keer slikt. Of-schoon onder water alles beter en eerder te horen is, blijf je voor alle zekerheid liever buiten het bereik van die rondrazende speedboot.

Herinner je die avond met Regina, twaalf jaar

geleden: toen was je pas achtentwintig. Dan weer was het aan in die tijd, dan weer was het uit; maar als het uit was was het ook aan, en als het aan was was het ook uit. Omdat je bovendien van mening was dat je, behalve haar, ook best nog een aantal andere vriendinnen kon bedienen, wier telefoonnummers verspreid door je agenda stonden, ging zij er op een dag vandoor met een alcoholische hoboïst, die je eens aan haar had voorgesteld in de artistensociëteit waar je toen lid van was. Naar Parijs natuurlijk: toppunt van originaliteit! Ook hij had haar cachemir huid ontdekt en bespeelde nu met zijn getrainde tong en vingers haar grote instrument. Als een bijl sloeg de wanhoop je schedel in, en met die bijl er in bleef je rondlopen, uitgelachen door iedereen; je at niet meer, je sliep niet meer, je kreeg duizelingen, je meldde je ziek. Huilend stond je voor de wastafelspiegel naar jezelf te kijken. Je schat! Ze hadden je schat afgepakt! Pas nu werd je gewaar, wat zij blijkbaar voor je betekende. Eenentwintig was zij, fotomodel met gymnasium, vers uit haar bourgeoisnest in de provincie, villa met tuin, en nog helemaal verpopt. Ja, dat was natuurlijk haar meedogenloze kracht. Wat zij in haar kinderlijke onschuld deed, had niet doortrapter kunnen zijn; en later (toen het haar, nog erger, zelfs niet meer kon schelen als je met een ander naar bed ging) overwoog je wel eens, dat dat feit je had moeten waarschuwen voor de wesp, die uit die pop te voorschijn zou komen. Al gauw kreeg je te horen, in welk café zij placht te zitten met haar verlopen muzikant, een kop kleiner dan zij, – en twee dan jij, ook dat nog. Een artistenkroeg in Montparnasse, waar zij als 'Queenie' bekend bleek te staan. Queenie! De schoften! Drie, vier keer per dag belde je op, fleemde, dreigde, redeneerde; en na een week, toen je ten einde raad uit zelfbehoud beloofde met haar te trouwen en haar een kind te maken, gaf zij eindelijk toe.

Het regende toen je een uur te vroeg naar het station ging om haar af te halen. Herinner je: alleen en onzeker op dat kille, tochtende perron, uitsluitend in gezelschap van grijze tegels en gietijzer, en van gezichten die uit hetzelfde materiaal leken te bestaan. Maar toen de trein langzaam de overkapping binnenreed en je haar lachend uit het bovenraam van de coupé zag hangen, toen barstten toch alle symfonieën los waarin de achtergelaten hoboïst ooit zijn partij had geblazen. De triomf van je nederlaag! De volle, nat glanzende stad, je arm om haar schouders, in je andere hand haar koffer; de dichtgespijkerde gezichten van de voorbijgangers, die je nu niet meer bedreigden maar die je verwelkomde, zoals een schilderij zijn lijst verwelkomt en daarmee pas een schilderij wordt. Je had een tafel besproken in een visrestaurant, op de eerste verdieping, met uitzicht over een druk plein, waar jullie kreeft aten en Chablis dronken. Daar zat zij tegenover je, als een kleinood, met haar lange, toen nog donkerblonde haren over haar smalle schouders, haar grote blauwe, iets scheefstaande ogen in haar onuitgewerkte gezicht, – dat madonnamasker, dat binnen vijf jaar plaats zou maken voor die onbarmhartige trekken, die zij speciaal voor jou reserveerde. Omdat je geen zusters hebt, heeft het lang geduurd eer je ontdekte, hoe harteloos en vulgair ook vrouwen kunnen zijn; die schok ben je nooit echt te boven gekomen, je kunt het eigenlijk nog steeds niet geloven, al werd je ontdekking hernieuwd toen je dochter opgroeide.

Vermoedelijk is dat de reden waarom vrouwen – met wie je niet getrouwd bent – zo op je gesteld plegen te zijn.

Maar voorlopig was het allemaal nog melk en honing daar in dat restaurant, en Chablis natuurlijk, en toen nog meer Chablis. Niemand was rijker dan jij: je had de onschuld veroverd! Was je ooit gelukkiger dan die avond? Dat moet je natuurlijk ook niet vergeten. Tot in haar verste uithoeken was de wereld warm en betrouwbaar, een nieuwe wereld was het, uitsluitend van jullie beiden, die nooit eerder had bestaan en nooit meer bestaan zou. Jullie gingen naar je kamer, waar je de gordijnen dichttrok, kaarsen aanstak en een oude single opzette, waarop de bard zwaarmoedig zong over de dood van Che Guevara. Dat was weer een ander soort mens dan jij bent, niet zo zeer in de reclame werkzaam; maar juist die zwaarmoedigheid verbond je met de jaren, waarin je als jongen zo'n onbedaarlijke pret met de revolutie had gehad op straat. Daar wist Regina al nauwelijks meer iets van, en dat maakte je bijkans een generatie ouder dan zij. Met de schakelaar op *repeat* verschenen na de laatste tonen steeds weer de eerste, maar nu niet als de eerste, waardoor het nummer na een half uur, een uur, veranderd was in een elegische klaagzang, die niets meer te maken had met zijn tekst of melodie: een hypnotisch-eeuwige herhaling, die de tijd vernietigde in je kamer. Waarover jullie spraken weet je niet meer, omstrengeld zwegen jullie voornamelijk; jullie kleedden elkaar uit en gleden op de grond, waar jullie schreeuwend en met wegdraaiende ogen geheel en al wegzonken en één ding werden. Haar kuiten groeiden uit je schouders, en het orgasme waarin jullie ten slotte versmolten was zo'n diepe val naar het middelpunt van de aarde, dat je alleen nog dit ene wist eer je in slaap viel: Het is raak. Dit wordt een kind.

Toen je midden in de nacht verkild wakker werd, staken jullie nog in elkaar. De kaarsen waren opgebrand, maar onafgebroken stierf El Che nog zijn weemoedige dood in Bolivia. Je trok jezelf uit haar, en zonder dat zij het merkte sjouwde je haar als een moordenaar over de vloer, je bed in, maar je had de kracht niet meer om de pick-up af te zetten. De volgende ochtend werd je gewekt door een vuilnisauto, die gierend zijn laadbak overeind zette: nog steeds

hing het lied van de guerrillero in de kamer,
waar nu hel licht door de witte gordijnen
scheen. Geschrokken, alsof je het gas aan had
laten staan, kwam je uit bed en zette de schakelaar op *stop*.

Als een engel zweef je boven in een steeds hogere kerk. De rotsachtige bodem is nu overdekt met bizarre groeisels, die er uitzien als ingewanden, levers, nieren; ook vormen als weefsels, gezien door een electronenmicroscoop. Daartussen ligt het gekantelde, ijzeren wrak van een kleine boot, ruim vijfentwintig meter diep, naar het lijkt: dat is in werkelijkheid dus ongeveer vijfendertig. Je werpt een blik op je kompas en begint evenwijdig aan de kust te zwemmen. Al die percentages, tabellen, richtingen, onder omstandigheden een kwestie van leven of dood, heb je paraat.

Die bijl in je schedel, waar kwam die vandaan? Zij was mooi, maar dat was haar beroep, zij was lief, maar dat was haar leeftijd: zo liepen er nog honderdduizenden rond, alleen al in Nederland, en onder die honderdduizenden bevonden zich beslist tallozen, die intelligenter en geïnteresseerder waren dan zij, en die, als zij wat ouder werden, niet zonder mankeren in slaap zouden vallen bij goede televisieprogramma's en nooit bij stompzinnige shows of amerikaanse series. Waarom richtte juist zij die wanhoop in je aan? Blijkbaar ging het je niet om intelligentie of interesse. Had je misschien het gevoel, dat niemand beter voor je kinderen zou zorgen? Zat misschien zelfs je dochter er achter, die geboren wenste te worden? 'Dit is een barende vrouw,' zei de hoofdzuster, toen Regina's kreten van die avond terugkeerden; het vruchtwater was groen, trillend stond je er bij toen je kind, die dwingeland, tussen haar benen verscheen uit Plato's grot, – of eigenlijk: in Plato's grot. De-zelfde neus, dezelfde mond als je moeder; maar niemand anders die het zag. Er werd een vader van je gemaakt. Bedrijvige gestalten, die vaag voor je bleven als in een verhaal van iemand anders, bonden de navelstreng af en de zoveel-ste wereld was geboren om te sterven. Je stond er mee in je armen, met dat ene ding dat jullie die avond geweest waren, die geurende lieveling, en je dacht: Na mij, alsjeblieft, na mij.

Maar waar je aan denkt, daar onder water, is niet aan al deze dingen; je vraagt je af, hoe het nu verder moet. Voorlopig zitten de kinderen nog op school, en Regina en jij zijn het er stilzwijgend over eens, dat zij in een ongebroken gezin moeten opgroeien. Soms komt de gedachte aan scheiden wel eens bij je op, dan lijkt het je de grote bevrijding, maar altijd ebt het weer weg, – ook uit gemakzucht natuurlijk. Alleen, hoe moet dat straks, als zij het huis uit gaan en met zichzelf alles meenemen wat ooit tussen jullie bestond? Dan bindt niets jullie meer, dan *zijn* jullie al gescheiden, en het uit elkaar gaan is alleen de bezegeling er van. En dan? Regina, die met geld van jou een modellenbureau opzet, en jij – vijftig tegen die tijd – die als van ouds de kroeg maar weer in duikt, in de hoop, voor twaalven een vrouw diep in de ogen te hebben gekeken, – met het gevolg dat je vaak tot drie uur, vier uur, vijf uur in steeds hopelozer en wormstekiger gezelschap zult verkeren, om ten slotte toch nog vaak door lege straten alleen je bed te moeten opzoeken, met suizende oren van het kabaal, gebroken door de drank en walgend van jezelf? En dan wanhopig in je stille huis om je heen kijkt en soms toch weer de straat op gaat, omdat je plotseling zeker weet dat zij daar nu loopt, – zij, die ook jou zoekt: groot, met veel kastanjebruin haar, brede heupen en een trotse oogopslag, door onvoorziene omstandigheden geen slaapplaats hebbend? Waarna je, omdat er alleen gespuis rondhangt in de aanbrekende ochtendschemering, in een telefooncel Regina belt, die niet opneemt, en dan een vriendin, die lodderig zegt dat zij nu slaapt en morgen vroeg op moet? Jij moet ook vroeg op, verdomme! Maar als je de sleutel al in je slot hebt gestoken trek je hem er weer uit, je stapt in je Jaguar en met één oog dichtgeknepen rijd je naar de straat, waar nu alleen nog heroïnehoeren tegen de puien leunen met een opgetrokken been. Je stopt, en terwijl zo'n scharminkel met rotte tanden instapt, kijk je angstig om je heen of je niet gezien wordt – bij voorbeeld door Dick of Ida, die van een feest komen. De straten vullen zich al met mensen die aan het werk gaan, en half buiten de stad, achter de verlaten gasfabriek, laat je je aftrekken, want meer dan dat is te gevaarlijk, – en al *terwijl* je klaarkomt zou je liever kotsen.

Ja? Moet het zo gaan? Scheve blikken van honderdvijftig mensen, wier directeur je dan bent, als je om twaalf uur eindelijk verschijnt, onberispelijk gekleed, alles op maat, pak, hemd, schoenen, alleen het vel onder je ogen niet. Je wordt er al uit gewurmd op kantoor, geleidelijk naar de kant geduwd door de volgende generatie; en als je op een keer in elkaar bent geslagen en beroofd, laat je je uitkopen en gaat met een smak geld zitten denken aan die groteske wereldfabel, die je ooit had willen schrijven, – en dan hang je je maar eens op voor de verandering. Maar waar is het dan allemaal goed voor geweest? Kunnen jullie dan ondanks alles niet beter bij elkaar blijven, op grond van wat er ooit gebeurd is, – Queenie, Che, – een hond nemen en maar zien er het beste van te maken? Je moet er met haar over spreken, deze laatste avond op Kreta, door alles heen breken, alles, alles veranderen!

Op dat moment zie je ver beneden je, in de diepblauwe schemering, tussen de koraalriffen, een steen die zich onderscheidt van de andere keien en rotsblokken. Een langwerpige, zachte vorm, waar iets van uitgaat dat je treft, zonder dat je er verder aandacht aan besteedt. Als je het een paar meter verder nog steeds ervaart, keer je om en kijkt nog eens goed. Hij heeft een grillige vorm, maar het is een grilligheid die op een of andere manier in harmonisch evenwicht verkeert, als een abstract kunstwerk van de natuur. Je overweegt of je hem naar boven zult halen, om hem een plaats te geven op het strand, bij de boomstronk, als een geschenk voor je grieks-amerikaanse gastheer, waar hij dan voorgoed zal liggen. Hij lijkt een meter lang, dat zal dus ruim een halve meter zijn. Dan denk je aan het gezwoeg om hem omhoog te krijgen, aan het gesjouw uit de branding aan land; je besluit om het maar te vergeten en zwemt verder. Maar het laat je niet los en even later keer je voor de tweede keer om, met een gevoel van ongeduld over je eigen besluiteloosheid. De steen heeft zich al vastgezet in je. In elk geval kun je even gaan kijken, – ook al luidt regel 1 van de onderwatersport, dat men nooit zonder gezelschap mag duiken. Je stelt de ring van je horloge in en begint aan de afdaling.

Onafgebroken slikkend, regelmatig de druk in je masker op peil houdend met een korte stoot lucht uit je neus, werk je je met krachtige slagen omlaag naar het rustiger wordende water. Als je op een diepte van tien meter bent, weet je dat de druk verdubbeld is. Het is of snel een steeds koelere en latere avond valt; omdat je de zone van hydrostatisch evenwicht nu bent gepasseerd, gaat de afdaling verder bijna vanzelf. Je wendt je ogen niet van de kei af – en als je op twintig meter bent, spreid je plotseling je armen en benen, zodat je vrijwel tot stilstand komt. Wat daar ligt tussen bolvormige koralen met grillige labyrinthmotieven en reusachtige groeisels die er uitzien als hersenen, is helemaal geen kei. Het is een beeld.

Zonder verder iets te doen, laat je je de laatste

meters met ingehouden adem zinken, tot je na een halve minuut met je buik op de wieren tot stilstand komt. Een jonge vrouw. Een slapende jonge vrouw van klassieke schoonheid, haar gedraaide hoofd rustend op een arm. In het diepblauwe licht is de steen bruinig, dus vermoedelijk roodachtig. Om haar niet te verliezen in het zand dat je hebt opgewerveld in de roerloze stilte hier beneden, leg je meteen je handen op het beeld. Marmer. Marmeren borsten, de volmaakte welving van haar rug, heupen, dijen. Het is of je dronken wordt. Alles is gaaf, haar neus, haar handen, haar tenen, alles is er. Na duizenden jaren hier op deze plek gelegen te hebben, terwijl intussen de wereldgeschiedenis zich afspeelde, ben jij nu de eerste die haar weer ziet. Met langzame bewegingen van je vinnen cirkel je in de diepe, koude schemering om het beeld – en dan zie je opeens, met stokkende adem, dat het niet alleen een jonge vrouw is maar ook een jonge man. De slapende heeft een penis tussen haar benen: klein en bescheiden, maar zonder dat misverstand mogelijk is. Een Hermafrodiet!

Je zou je masker willen afrukken om het

wezen beter te kunnen bekijken, zo opgewonden ben je. Je hebt een onnoemelijke vondst gedaan! Er is je nu iets overkomen, dat maar eens in een leven gebeurt, en in de meeste levens nooit. Wat nu? Natuurlijk moet het beeld naar boven – maar dan? Zodra je er mee uit zee aan het strand verschijnt, word je gezien; de politie komt er bij, een conservator van het museum in Iráklion, en dan kun je meteen weer afscheid nemen van je pasgevonden schat. Je wilt hem houden, meenemen naar Amsterdam, naar huis, – niet om de waarde, maar om wat het is. Maar hoe? Uitvoer van oudheden is natuurlijk streng verboden, en het beeld per vliegtuig het land uit smokkelen is veel te riskant; bovendien is het daar te zwaar voor. Was de *Anything Goes* er nu nog maar! Dan kon je het ergens in een rotsspleet verbergen, aan de voet van een steile klip, om het vandaag nog met Kruimeltje op te halen, in zijn over het water keilende speedboot; in het jacht zou hij er dan wel een plaats voor weten te vinden. Maar als je over een paar weken met je auto naar Zuid-Frankrijk zou gaan om het in ontvangst te nemen, zou hij je natuurlijk aankijken met het onschuldige gezicht, dat alleen misdadigers kunnen trekken: 'Beeld? Wat voor beeld? Waar heb je het over, kuttekop?' Wat zou jij, zelf een dief, daartegen kunnen ondernemen? En een paar maanden later zou je in de krant lezen, dat in Londen, bij *Mendelejev Fine Arts*, een volmaakte Hermafrodiet van onbekende herkomst was opgedoken, voor een miljoenenbedrag aangekocht door een anonieme amerikaanse krantenmagnaat.

Maar de *Anything Goes* is al halverwege Egypte, tegen de scirocco in ploegend, – met alle opvarenden nu misschien op het achterdek onder schot gehouden door de bewakers, alle geld en juwelen verzameld in drie oranje plastic emmers, terwijl Kruimeltje, onderuitgezakt in de stuurhut, in zijn ene hand een glas champagne, in zijn andere een pistool, zijn bevelen aan de bemanning geeft. Je ziet het allemaal voor je, terwijl je handen het beeld niet loslaten. De marconist meldt de voorwaarden van de gangsters aan de kapitein van het amerikaanse fregat, dat, geschaduwd door een kruiser van de Sovjetmarine, koers heeft gezet naar het gekaapte jacht met zijn rijke buit...

En als je vervolgens ook nog je mondstuk even uitneemt en, gadegeslagen door vissen, het beeld kust, besef je plotseling dat er iets helemaal niet in orde is met je. Daarstraks heb je een paar keer je adem ingehouden, en je duikt lang genoeg om te weten, dat je misschien werkelijk dronken bent, dat je in de beginfase van een stikstofnarcose verkeert. Je moet meteen naar boven, en het beeld ook; je zult wel zien wat je er mee doet, desnoods moet het dan maar naar het museum:

Hermaphrodítos Kritikós. – In de Baai van Mirabello opgedoken door Dick Bender, een vooraanstaand nederlands marketing manager c.q. reclamejongen, sportduiker en vader van twee kinderen, over wiens leven de schaduw van zijn huwelijk viel. Man en vrouw behoren één vlees te zijn, maar Benders echtgenote, een zekere Regina, ook wel Queenie genoemd...

Je voelt je weer aan jezelf ontglippen; met geweld dwing je je tot verstandig handelen. Je kijkt op je horloge en je dieptemeter: sinds ruim acht minuten ben je op drieëndertig meter, dat moet ruimschoots binnen de nultijd zijn, zodat je bij het opstijgen geen decompressiestops hoeft te maken, ook al is de druk hier meer dan verviervoudigd. Voor alle zekerheid reken je het uit met de negentig-nultijdregel: $2 \times 33 = 66$; maakt een nultijd van $90 - 66 = 24$ minuten. Niets aan de hand. Je stelt je horloge opnieuw in: omdat je niet sneller mag stijgen dan maximaal achttien meter per minuut, moet je er twee minuten over doen. Je gespt je loodgordel af, – die een ander hier over een paar duizend jaar mag vinden, – tilt het beeld uit het zand en neemt het in je armen, wat met medewerking van Archimedes zonder veel moeite gaat. Je ademt diep in, buigt door je knieën en zet je stevig af, meteen met je vinnen werkend om door de zone van het negatieve drijfvermogen te komen.

Terwijl het water geleidelijk warmer en lichter wordt, houd je je ogen loom gericht op de instrumenten om je polsen: je bent precies op tempo, ruim drie seconden per meter, gelijkop met de middelgrote luchtbellen die je uitademt. Maar tegelijk, het beeld tegen je borst gedrukt, zie je met een gevoel van geluk onafgebroken heel andere wijzers voor je, waar je sinds dertig jaar niet meer aan gedacht hebt: een cadeau van je vader voor je tiende verjaardag, een polshorloge met een fluorescerende wijzerplaat. 's Avonds in bed trok je de dekens over je hoofd, hield het klokje een paar seconden onder je leeslamp en bracht het dan snel voor je ogen. Het tegelijk fel en zacht lichtende geelgroen van de wijzers en de cijfers, dat geheimzinnige, stille stralen, waarmee je alleen was: het bewerkstelligde een kleine extase in je, waaraan je een beetje verslaafd raakte. De intensiteit nam eerst snel af en dan steeds langzamer, maar na een paar minuten hadden de twee wijzers, omkranst door de cijfers van 1 tot 12, zich bijna helemaal teruggetrokken in een vrijwel onzichtbare verte. Met je hoofd onder de dekens blijvend, hield je het horloge weer onder de lamp en daar was het weer in volle pracht. Horloges waarbij radiumverf was gebruikt, wist je, hoefden zelfs niet belicht te worden; maar die waren veel te duur. Je kon er niet mee ophouden, ofschoon je de volgende ochtend vroeg op moest om naar school te gaan, – het was of je aan dat schijnsel, waar verder niemand mee was gemoeid, voor het eerst ervoer dat je bestond, in een grote wereld vol geheimen...

Als je op tien meter bent, begin je de turbulentie weer te voelen en je wordt nu vanzelf omhoog geduwd, zodat je moet afremmen om gelijkmatig binnen je tijd te blijven. Luisterend, langzaam om je as draaiend en nu en dan naar boven kijkend, nader je de woest slingerende oppervlakte. Je loomheid neemt toe, maar je bent er nu bijna; het besef, dat je het beeld dadelijk bij daglicht zult zien – en het daglicht het beeld en het beeld het daglicht –

Je doorbreekt de waterspiegel, en in het verblindende zonlicht en het kabaal van de storm die over de schuimende golven giert, draai je snel een keer om je as. Nergens nadert een boot – maar wel, een paar honderd meter verder, met een boog van de kust komend, een vliegtuig: een lompe, tweemotorige bovendekker, laag over de golven. Het komt in jouw richting, en om niet gezien te worden duik je onmiddellijk weer onder. Deinend op een meter diepte wacht je geschrokken tot het gepasseerd is. Maar even later breekt met een daverende slag iets het water binnen, een holte, een muil, het gebeurt te snel om te kunnen zien wat het is, in paniek probeer je het te ontwijken, het beeld ontglipt je, je graait er naar, maar dan ben je plotseling opgeslokt en meegenomen.

LUCHT

Waar heb je je in hemelsnaam mee ingelaten?
Rustig zit je in je stoel te lezen...

...en tegelijk stik je bijkans in de duisternis, je
bril is verdwenen, de slang van het persluchtapparaat uit je mond geslagen bij de klap, maar je
bent nog steeds onder water, dat davert van de
motoren. Werktuiglijk, half verdoofd werk je je
naar boven, waar je je hoofd tegen metaal stoot,
maar daar is lucht. Half brakend hoest je het
zoute water uit je longen en het is of je niet meer
op de wereld bent, maar in een andere. Wat
gebeurt er met je? De machine schudt en stampt
in de storm, het water klotst alle kanten op,
zodat je het steeds weer binnen krijgt. Je houdt
je vast aan een uitsteeksel; door een kier tussen
de ijzeren platen, waar de lucht doorheen fluit,
schijnt wat licht. Je ziet, dat je in een langwerpig
reservoir zit. Het kan niet anders of je bent gearresteerd. Op een of andere, misschien ultrasone

manier is waargenomen, wat je aan het doen was met het beeld (inmiddels teruggezonken naar de zeebodem); meteen werd het patrouillerende vliegtuig gedirigeerd naar de plek, waar je boven moest komen. Wat moet je denken? Zo vangen ze diefachtige duikers – wat kan het anders zijn? Waar brengen ze je heen? Je trekt je op en kijkt door de kier. Onder de vleugel door zie je dat de machine landinwaarts vliegt, niet hoger dan tien of vijftien meter: je ziet nog juist het strand, mensen die omhoog kijken, de wuivende palmen, het hotel, je eigen bungalow en dan de kale heuvels. Dadelijk zul je landen op een klein vliegveld van de politie, waar ze op je staan te wachten. Of misschien op een luchtmachtbasis, die van de NATO; misschien houden ze je voor een spion, misschien is op de plek waar je dook iets geheims geïnstalleerd, een apparaat om onderzeeërs te localiseren of iets dergelijks, – hoe zouden ze ten slotte van dat beeld af kunnen weten? Natuurlijk, dat is het. En dat je niet voor de russen werkt, kun je aantonen door ze naar de Hermafrodiet te brengen: die moet terug te vinden zijn.

Je hoofd loopt om, het is of je hele voorafgaande leven niet heeft plaatsgevonden, alsof het een film is die je hebt gezien, een boek dat je hebt gelezen en dichtgeslagen, en dit ijzer en water en lawaai hier is opeens de werkelijke werkelijkheid. Uitgeput houd je je vast aan de bout. Je voelt geen angst, alleen verbazing en verdoving en zwaarte. Het was maar een verhaal, meeslepend verteld, zodat je jezelf vergeten was. De tank is zo groot als vroeger je jongenskamer. Je opklapbed met de triplex ombouw en de roodbruine gordijnen. Als je 's ochtends de riemen niet vastmaakte, zakte al het beddegoed naar beneden; als je 's avonds de stalen poten niet voldoende naar voren trok, gleden ze onderuit en je bonkte op de grond. De ombouw boog door onder je boeken over sport, olympische kampioenen, zeilboten, diep-zee-onderzoek, ruimtevaart. Je aquarium met de maanvissen, er op de glazen plaat, waaraan altijd grote, platte druppels kleefden; de houder met het scheermesje, waarmee je de groenige algenaanslag van het glas krabde. Op de vensterbank je verzameling cactussen in minuscule potjes, weerbarstige, oeroud ogende kleine bollen met witte haren en stekels, op asymmetrische plekken nieuwe bolletjes barend, die los zaten maar niet helemaal los. Je werktafel met je schoolboeken, en in de muurkast je speelgoed uit de voorafgaande paar jaar, voor jou al zo oud als de inhoud van een archaeologisch museum. Je goocheldoos. Je buiksprekerspop. Zijn vrolijke, brutale gezicht – had hij dat ook in het donker, als de kastdeur dicht was? Hoe snel je de deur ook opentrok, lachend keek hij je aan. Maar dat bewees natuurlijk niets. Je was een beetje bang voor hem, en juist daarom durfde je hem niet weg te doen, ofschoon je vriendjes hem graag wilden hebben. Maar er mee spelen durfde je ook niet meer, sinds hij op een keer een gesprek met je had gevoerd, met zijn op en neer bewegende onderlip, op je knie zittend, – waarin niet zo zeer jij hem maar hij jou dingen liet zeggen, die je helemaal niet wilde zeggen:

'Dag Dick.'

'Zo, Tom, hoe gaat het er mee?'

'Goed, en met jou? Waarom zit je hier zo alleen?'

'Ik mag mijn kamer niet uit.'

'Waarom niet?'

'Zeg ik niet.'

'Doe niet zo flauw. Zeg op, ik ben toch je beste vriend?'

'Dat is zo. Papa zegt, dat ik vijf gulden uit zijn portemonnee heb gepikt, terwijl hij sliep.'

'Is dat waar?'

'Helemaal niet!'

'Wat een vuile rotschoft.'

'Dat mag je niet zeggen, Tom.'

'Waarom niet? 't Is toch zo.'

'Omdat... Ik weet niet, maar dat mag je niet zeggen.'

'Mag hij wel zeggen, dat jij een vieze vuile dief bent, terwijl het niet eens zo is?'

'Maar als hij nou denkt –'

'Hij kan zo veel denken. De volgende keer denkt hij misschien, dat je iemand vermoord hebt.'

'Verdomd.'

'Als het niet zo is, wat moeten we dan met hem doen, Dick?'

'Hoe bedoel je: 'met hem doen'?'

'Het is toch zeker niet zo?'

'Dat zweer ik.'

'Dan moeten we hem vermoorden, Dick.'

'Wat zeg je daar? Papa vermoorden?'

'Tuurlijk. Kop afhakken.'
'Denk je echt dat...'
'Tuurlijk. Durf je niet, hè?'
'Nee.'
'Zal ik het voor je doen, schijtert?'
'Wie moet er dan voor mama zorgen?'
'Jij natuurlijk.'
'Maar ik weet van niks, hoor.'
'Tuurlijk niet. Laat het maar aan mij over.'

'Doe maar. Net goed. Die vieze vuile rot-schoft. Verdiende loon.'

Je kijkt op je horloge. Aan de instelling van de ring zie je, dat het zeven minuten geleden is dat je je van de zeebodem afzette; sinds vijf minuten zit je in het toestel. Met het water tot je nek kijk je weer door de fluitende kier. Langzaam stijgend, maar op dezelfde hoogte blijvend, nader je de bergen in het binnenland. Misschien ben je helemaal niet gearresteerd, denk je opeens, maar word je juist gered. Misschien dreigde er een gevaar, ten slotte hebben mensen je de zee in zien gaan. Misschien zoiets als die keer in Bonassola, in Noord-Italië, toen je op een hete middag met Regina een eind de rustige zee in was gezwommen. Plotseling begonnen jullie te deinen, het ene moment kon je ver het land in kijken, het volgende was de kust verdwenen achter een voorbijtrekkende berg water. Later stond in de krant dat er een zeebeving was geweest, die slachtoffers had gemaakt; voorlopig moesten jullie zorgen, daar niet bij te horen.

Jullie zwommen terug, maar vijf meter voor het punt waar de golven braken, hielden jullie in: watertrappend zagen jullie pas toen wat er aan de hand was. De golven waren drie tot vier meter hoog en stortten zich uit over de hele diepte van het strand, tot de spoorlijn. In een grote chaos dreef alles door elkaar. Er werd opgewonden naar jullie gebaard en geschreeuwd, maar jullie waren onbereikbaar. Omdat je wist, dat in zulke hoge golven soms haaien mee naar de kust kwamen, opende je onder water je mond en schreeuwde zo hard je kon.

'We moeten er door,' riep je naar Regina, 'er zit niks anders op. Ga jij maar eerst. Rol je helemaal in elkaar.'

Je gaf een kus op haar wang en keek haar na, tot zij plotseling verdween in de blauwe horizon van water. Toen je op de rug van de volgende golf was, zag je mensen naar voren rennen. Vervolgens ging je zelf – met maar één gedachte: dat ook jij geen rots zou raken. Je probeerde in het dal te blijven, maar bij de rand werd je beweging je uit handen genomen, je werd teruggetrokken, hoog opgetild en neergesmakt in een brullende baaierd, ontelbare keren rondtollend als een jojo. Verachtelijk werd je op het strand gegooid; je probeerde op te staan, maar duizelig tuimelde je omver en werd door het terugtrekkende water meegesleurd en in de volgende golf gezogen, waarin de carrousel zich herhaalde. Nu grepen handen je vast en trokken je weg, – naakt, net als Regina, wier bikini van haar lichaam was gescheurd. Versuft, geschaafd door de schelpen en kiezels, kusten jullie elkaar, terwijl er geapplaudisseerd werd.

Regina! Ergens daar beneden zit zij nu te picknicken met de kinderen, misschien zien zij de machine overvliegen. Je hebt ze heel wat te vertellen. En dan komt er een gedachte in je op, die nieuw voor je is, al ligt zij voor de hand: ook Regina was ooit een klein meisje. Terwijl jij al de moord op je vader beraamde met je pop, was zij nog zo'n klein, ongelooflijk wezen van drie jaar: zo'n samengebald pakket onschuld, bij benadering mensvormig, met ogen en handen en schoentjes aan. Ook de grootste ploerten uit de wereldgeschiedenis waren eens zo'n verschijning, – ligt daar misschien de bron van de liefde? Is dat het, wat later de liefhebber weer in iemand ziet, of de liefhebster: Eva Braun in haar

vriend, Regina in jou, jij in haar? Die oorspronkelijke onschuld, verborgen onder dikke, ver-
harde lagen, zoals een fossiele vis in een steen,
opengezaagd door de liefde? Is dat het? Heeft
iedereen, van wie iemand houdt of hield, een
uiterste argument voor de hemelpoort?

Het onafgebroken geraas van de motoren aan
weerszijden van het sidderende ijzer is bezig je
laatste weerstand af te breken. Je kin is op je
borst gezakt, je ademt langzaam en diep, terwijl
je oogleden zwaar open en dicht gaan. Aan het
eind van de ruimte, bij de rammelende deuren
waardoor je naar binnen bent gekomen, zie je
een van je zwemvinnen drijven; ook de andere
zit niet meer aan je voeten. Je zou je persluchtapparaat af willen doen, maar je hebt er de
kracht niet meer voor. Plotseling begin je te
snikken. Wat heb je misdaan? Je hele leven ben
je toch eigenlijk zoet geweest, je hebt je vader
niet vermoord en ook verder niemand iets on-
herstelbaars aangedaan, voor zo ver je weet.
Ook nooit iemand geslagen? Moet ik je vertellen, wie je allemaal geslagen hebt? Je weet het.
Het onverdraaglijke van slaag is, dat het meestal
helpt; daarom is het verboden. Slaag wordt

soms beantwoord met genegenheid – zou het niet beter zijn als de wereld niet bestond? En zelf – ben je zelf geslagen? Ik bedoel niet de draai om je oren van je vader, die je zelf een enkele keer hebt doorgegeven aan je kinderen, maar ben je *geslagen*? Je hebt Regina een paar keer geslagen, ook in haar gezicht; maar toen je zag wat je had aangericht, haar rode huid, de gebroken halskettingen waar zij naar tastte, sloeg zij jou heviger zonder je te slaan. Bloemen kopen, bloemen kopen! Goedmaken!

En overigens, waar is Tom gebleven? Op een nacht, vijf jaar geleden, ging je vader een brief posten, aan de Octrooiraad in Den Haag: nog verdiept in zijn uitvinding werd hij geschept door een auto en was op slag dood. De auto reed door en is nooit opgespoord. Wie was de chauffeur? Een brutaal lachend heerschap met op en neer bewegende onderlip? Na de begrafenis gaf je moeder jou de bruine, nog ongeopende envelop. Omdat aan doden geen octrooien worden verleend, moest je haar in elk geval openmaken; maar omdat je toch ook niet eenvoudig je pink er in kon steken en haar openscheuren, kocht je een zilveren briefopener en huurde een kamer in

Den Haag, in Hotel des Indes, waar je de brief plechtig en geroerd opende. Hij bevatte een aantal vellen met technische tekeningen en beschrijvingen van *Een inrichting voor universele transmissie*: de omzetting van bewegingen in andere, – die nu bij je polissen en je testament in een bankkluis liggen.

Wegzakkend verslik je je in het water, met moeite trek je je op. En op dat moment balt je kracht zich nog eenmaal samen, uit alle macht bonk je op het ijzer en begint te schreeuwen; maar ofschoon de piloot vlakbij moet zijn, besef je dat hij je niet kan horen. Je hijst je weer op naar de kier. De helling is nu dichtbegroeid met olijfbomen, boven de kam zie je in de strakblauwe lucht de grauwe wolken van een optrekkend onweer. Radeloos zet je je af; alsof je hoopt ergens toch nog een uitgang te vinden, zwem je rond. Even later beginnen de motoren te loeien, je voelt dat de machine stijgt en een scherpe bocht neemt, – je wilt je ergens vastgrijpen in het zwalpende water, maar je bent te laat: de bodem klapt weg en je hebt het begrepen.

VUUR

'Mama!'

Het bos brandt. Met gespreide armen en benen, je gezicht omlaag, hang je in een grillige, veranderende gestalte van water, die het ene moment de vorm heeft van een danseres, het volgende die van een inktvis. Je neemt alles waar, eindelijk ben je op de top van je kunnen. Door het water en de rook heen zie je het vuur op de helling liggen als een filigraan netwerk van gouddraad, dat zich schikt tot het patroon van de aderen op een hand, die je een beker melk reikt. Je verdoving heeft op slag plaatsgemaakt voor een heldere gemoedsrust. Dat je juist op de plek moest zwemmen, waar het vliegtuig water schepte, ervaar je niet als een absurd toeval, maar als de hogere bestiering die het is. Je valt, je bent vrij. Je ziet brandweerauto's met nietige stralen, boeren en toeristen die met takken op de voortvretende uitlopers van het vuur slaan, je hoort hun geschreeuw. In het gebied, waar je zelf op af gaat, valt niets te blussen: in de egyptische storm zijn de knetterende vlammen daar soms meters hoog; de geur van de rook herinnert je aan kerstavond, wanneer je vader een dennetakje in een kaarsvlam hield om de kamer te bezwangeren met 'heidense wierook', zoals hij het noemde. Je ziet vluchtende geiten, springend alsof zij stalen veren in hun poten hebben. Je valt, maar je valt langzaam, – nee, je valt niet, je hangt stil: het is het vuur, dat steeds langzamer op je toekomt, zodat je zijn hitte voelt, terwijl het vliegtuig zich steeds langzamer van je verwijdert. Je ziet dat niemand ziet, dat je uit het vliegtuig in de vlammen valt, zo kort duurt het; pas dagen later zal op de geblakerde helling het verkoolde lichaam van een kikvorsman gevonden worden, waarna de gang van zaken ongelovig wordt gereconstrueerd, zodat je toch nog de wereldpers haalt. Maar kort duurt het alleen voor wie het niet overkomt. Als in de wachtkamer van de tandarts de tijd al langzamer verstrijkt, dan staat zij bij het sterven natuurlijk stil. Je verkeert in staat van ataraxie. Je geest verricht nu in seconden het werk, waar zij anders nog dertig of veertig jaar over had gedaan, – niet in het aantal gedachten of herinneringen, maar in de intensiteit van het besef, dat je bestaat – dat de wereld bestaat. Je kijkt in de ogen van een kleine, ultramarijnblauwe vis, die met je mee valt. Uit zijn hulpeloosheid spreekt het leed van de hele wereld en je vraagt hem om vergiffenis. Je bent niet meer waar je bent, je bent nu in al het andere, en vanuit al dat andere kijk je naar jezelf. Je ziet, dat je nu de brandende jeep ziet, maar niet je kinderen en hun moeder. Hebben zij zich weten te redden? Je zult het nooit weten; maar je weet, dat Regina haar sigaret weer niet goed heeft uitgemaakt. Ook dat laat de wereld onbewogen. En nu zie je, dat de brandende olijfbomen je bereiken. Een door het vuur ingesloten plek van een paar vierkante meter komt plechtig op je af en drukt zich zacht tegen je aan. Maar vervolgens houdt zij niet op, zich tegen je aan te drukken. Je voelt je neus breken, je tanden, je ribben, als op een reuzenplaneet met honderdvoudige aantrekkingskracht. Dodelijk gewond lig je in de laaiende oven; maar toch voel je nog, hoe ook iets anders zich tegen je aan drukt en bescherming bij je zoekt: het

rotsharde voorhoofd van een verzengde, ster-
vende bok. Je slaat een arm om hem heen – en
dan zie je, hoe jullie beiden omarmd worden
door de vlammen. Het vuur, de lucht, het water,
de aarde, alles valt nu samen in dit moment, dat
niet meer tot de tijd behoort maar tot de eeuwig-
heid...

QUINTESSENS

...want je hebt nog een oneindige weg te gaan, goede vriend, zodat ik nog een oneindig aantal bladzijden heb te schrijven. Aangezien dat niet mogelijk is, en jij nu niettemin sterft, zal ik je voor dit moment – na alles wat ik je heb aangedaan – de oneindigheid in een eindige vorm schenken. Dat ben ik je schuldig. Ik bied je daarom nu mijn intiemste bezit aan, – een exaltatie, waarover ik nooit heb gesproken, hoeveel ik ook gesproken heb, en die mij een paar keer in mijn leven is overkomen. Iets bliksemends. Het gebeurt in een ogenblik, dusdanig ondeelbaar, dat ik eigenlijk onmiddellijk ben vergeten dat het is gebeurd. Het heeft iets met licht te maken, het heeft werkelijk iets van de bliksem, maar dan een onzichtbare bliksem, die, aan een onbewolkte hemel, bliksemt bij volle zonneschijn, en die je zou kunnen schrijven als

~~LICHT~~

want het is meer dan licht: voor jou nu het laatste en blijvende. Om je dat ten slotte te kunnen schenken, heb ik je dit alles aangedaan.

Of ken jij die verrukking ook? Staar je nu naar dit teken en denk je: – Hij zal toch niet *dat* bedoelen, *dat*, wat niemand weet? *Dat*, wat mijn unieke, onvervreemdbare, allergeheimste eigendom is en dat ik zelf eigenlijk niet eens ken, nauwelijks weet dat ik het bezit?

Ja, dat is precies wat ik bedoel: *dat*.

Aangenomen nu, dat dit allemaal zo is. Sla dan dit kleine boek dicht, Phoenix: verrijs uit je as!

Augustus 1987 – februari 1988

INHOUD

Van Harry Mulisch verscheen verder: